国家自然科学资金资助项目（批准号：51378353）

空间的回响　回响的空间

——日常生活中的建筑思考

［日］Atelier Bow-Wow　著

胡　滨　金燕琳　吕瑞杰　译

U0296212

中国建筑工业出版社

著作权合同登记图字：01-2013-8855

图书在版编目（CIP）数据

空间的回响 回响的空间——日常生活中的建筑思考／
[日]Atelier Bow-Wow 著；胡滨，金燕琳，吕瑞杰译．—北京：
中国建筑工业出版社，2014.1（2022.8重印）
ISBN 978-7-112-16331-1

Ⅰ．①空… Ⅱ．①A… ②胡… ③金… ④吕… Ⅲ．①建
筑学－研究 Ⅳ．①TU

中国版本图书馆CIP数据核字（2014）第010531号

原书名：空間の響き／響きの空間
著　者：Atelier Bow—Wow ©
出版者：LIXIL出版
本书由LIXIL出版授权我社独家翻译、出版、发行

责任编辑：焦　扬　刘文昕
责任设计：董建平
责任校对：刘　钰　张　颖

空间的回响　回响的空间
——日常生活中的建筑思考

[日]Atelier Bow-Wow　著

胡　滨　金燕琳　吕瑞杰　译

*
中国建筑工业出版社出版、发行（北京西郊百万庄）
各地新华书店、建筑书店经销
北京锋尚制版有限公司制版
北京富诚彩色印刷有限公司印刷
*
开本：880×1230毫米　1/32　印张：4　插页：18　字数：110千字
2015年3月第一版　2022年8月第二次印刷
定价：36.00元
ISBN 978 - 7 - 112 - 16331 - 1
　　　（25058）

译者序

《空间的回响　回响的空间》一书是基于对日常生活的点滴观察和体验而带来的建筑思考，既平实又独特。

塚本由晴和贝岛桃代对日常生活中的人、物和事进行截取，观察他们与空间（建筑与城市）的相互映射，以聆听空间的回响和思考回响的空间，在存在与操作之间建立关联，在现实社会背景下展开想象，编织出了类型的变异、主体的转换、具象与抽象、多样性、第三种空间、空间与行为、空间与运作、空间作为时间转换的载体、空间的"夹具"性、自组织空间的设计呈现、建筑知性以及场地的低鸣等丰富的主题，汇集成了这本短文集。

这本短文集不仅秉承了作者一贯的设计理念，对具体对象进行缜密思考，将设计置于具体的社会和环境中考察，将研究作为设计的基础，同时，它也在反复提醒我们，在这喧嚣、多变、速食的世界中，能否俯身看看周遭，寻找自己的思考。

翻译是个艰难的工作，尤其是原版是日英对照，翻译是基于英文，而日本出版方要求日中对照出版，就像这个世界，绕，有时绕得复杂，却脱离根本。在反复比对中，希望离原意越近越好。

目录

建筑体验，空间的回响
——绪言[1]

　　我们曾经去过一个叫波多维耶荷（Puerto Viejo）的小镇。它位于加勒比海沿岸，隶属于哥斯达黎加，一个毗邻巴拿马的中美洲国家。小镇坐落在环境优美的国家公园内，公园里的沙滩背靠着片丛林。我们沿着棕榈成排、笔直的公路驾车径直往前，途经几处小村落，直至一条通往丛林、尘土飞扬的小路出现在眼前。沿着它大约前行50米，尽管外面仍是烈日当空，但丛林里的光线逐渐幽暗。再往前行些，愈发昏暗的地方点着一盏橘黄色的灯，那便是我们准备入住的客栈大堂。大堂离地约1米高，没有任何墙体围合。纤细的木框架，墨绿色的帐篷覆盖其上作为屋顶。一条约2米宽、离地的木栈道从大堂延伸进丛林中，连接着散落在丛林里的小木屋。我们沿着这条在夜晚会被油灯点亮的木栈道一直前行，路过一间颇大的餐厅、一间小小的卫生间和一个淋浴间，最后到达一片空旷的、点缀着棕榈树的白色沙滩。海水温和。走在沙滩上，脚下的白沙在移动，感觉就像长着大螯脚的螃蟹躲进洞里。

　　我们的小木屋约5米×5米见方。它的基本结构与大堂类似，然而以帷幔当墙，用来在睡觉时防

蚊虫。床在另一个帐内，利用围帐又隔出了淋浴和厕所间。小木屋内有一个电源插座，但是客栈规定不许看电视、听收音机或是CD。几乎每到午夜，暴雨都会光顾，啪嗒啪嗒重重地砸在帐篷顶上。雨滴砸在树叶和地上，形成蒙蒙水雾，潮湿了我们的衣服和被褥。破晓时分，即使雨停了，远处又传来了猴子的啼叫声。这是一次亲近自然的体验，仿佛此时我们就睡在森林里。

客栈的女老板在这片茂密的森林里买下了这块地，和她的建筑师朋友一起设计了这所客栈。刚开始，他们一边同蚊虫斗争，一边仔细地对当地植物进行测绘和拍照。基于他们的调查，他们决定保留所有树径超过25厘米的大树，并依此确定客栈的建造位置。这个综合体开业时只建了大堂和一间小木屋，以后逐年增建了些小木屋和其他一些设施。在建造大餐厅时，他们决定将几棵生机盎然的大树纳入其中，结果后来大树越长越高，直至穿透了帐篷屋顶。所有的建造工作都仅靠人力完成，同时他们还尝试使

用了不同的材料。在经历了许多摸索和失败之后，最后确定了不同材料各自的用途。一种属于硬木的深红色的杏树，被选定为做结构和栈道的材料。它坚硬且耐腐蚀，却很难加工。因此梁柱的表面非常粗糙，像刮痕斑斑的石头一样。在茂密的森林里，大一点的树有将近40米高，猴子和别的动物经常从上面扔东西下来而砸坏屋顶。若是金属屋面破了个洞，就必须更换整张金属板；而若是帐篷上破了个洞，就很容易修补了。同时，因周围树林遮蔽了阳光，帐篷里会足够舒适和凉爽。客栈的五六个员工和建筑工人住在入口大门附近架空的房子里，他们在不同时间段承担不同的工作。比如，昨天在指导"疯猴飞游"活动，今天是早餐侍者。"疯猴飞游"真是太有趣了！我们吊挂在连着钢索的滑轮上，像人猿泰山一样从40米高大树上的平台，沿着钢索瞬间滑下

十几米。而在跟我们差不多高的树枝上，正垂吊着一只树懒，与刚刚滑下的我们面面相觑。

　　在这里，我们想记录的并不是游记，而是一次关于客栈的建筑体验。我们体验到了什么呢？首先是当置身于丛林潮湿的空气和各种声音之中时，体验到丛林的存在，超越一切的强烈的存在感，全然不同于仅是看见它；其次是客栈传达出的一种强烈的精神，即它如何与森林关联，如何在其中运作。前者，是在物质环境的层面对"存在的形式"的体验，后者是对"操作的形式"的体验。客栈的"存在的形式"是如此微妙，只有通过"操作的形式"才能使之显现；若是换作另一种"操作的形式"，例如将带空调的玻璃建筑置于丛林中，其室内环境像在城市生活一样舒适

便利，那么丛林、猴子和树懒将一起消褪成背景。而在这个客栈中，感受到的是："存在的形式"是对"操作的形式"独特的回应。建成形式的来源和存在源于"操作的形式"，同时也被"操作的形式"所支配。当踏进帐篷时，我们就立即察觉到是某种特定的规则和决策营造了这个场所：例如，处于热带气候地区，是把昆虫阻挡在外还是让它们进来，这个选择就决定了建筑的内、外空间；又如，要让建筑在一个不舒适的环境中得以存在所需要做的特殊考虑；再比如说，处理污水的特殊方法等。场所中"存在的形式"始终在向身在其中的人们表明它的"操作的形式"的真谛。任何缺少"存在的形式"和"操作的形式"之间有机联系的空间都会因此失去其内在的支撑。这种空间也许会给人带来一时的视觉愉悦，但却无法与它的使用者一起"成长"。

在体验建筑、城市以及景观时，以物质环境姿态呈现的"存在的形式"和以延续发展和维护姿态呈现的"操作的形式"，两

者是交融在一起的。例如，对水稻梯田的体验，不仅仅是将自身置于沿等高线勾勒出的一条条狭长的稻田中间，同时也是体验在坡地上的耕作、堆叠石头、平整土地、灌溉田地以及栽种稻谷，是将自身融入农夫长年耕作的梯田中，一种"操作的形式"之中。一个场所，即使是个室外环境，如果有其特定的"操作的形式"，也能使人感觉到它的内在特质。基本上，现代主义建筑将这种内在的连续性解释为一个封闭的体系，为之贴以保守主义的标签，并站在未来的立场对之进行批判。不可否认，在20世纪现代主义建筑扮演着特殊的角色，然而"存在的形式"与"操作的形式"之间的空间回响处于断裂和混沌的这种状态需要被改变。那么，如何在21世纪利用存在的形式与操作的形式之间的互动映射创造出富有生命力的空间呢？这本书不会对这些疑问有明确的解答。恰恰相反，我们希望这本书是对这些问题思考的合集，是类似于"剪贴簿"的小册子。

建築の経験、空間の響き
——序にかえて

中米コスタリカ共和国のカリブ海側、パナマの国境近くポルト・ビエホというところに行ったことがある。このあたりはジャングルが海まで迫る美しい国立公園で、椰子の木の林に縁取られた一本道を車で走ると、ところどころに小さな集落が点在している。この道からジャングルのなかに舗装されていない道を50mぐらい入っていくと、あたりは昼間でも少し薄暗くなるのだが、そこにさらに薄暗い場所があってオレンジ色のランプが見える。これが宿泊したロッジのロビーである。建物は地面から1mほど浮いた高床式で、細い木の骨組みに濃い緑色のテント屋根が架けられているが、壁はない。このロビーから幅2mぐらいの高床のデッキがジャングルのなかに延びていて、そのところどころに小さなキャビンのクラスターが取りついている。夜になるとオイルランプに縁どられるこのデッキをさらに辿ると、少し大きなレストラン棟や、小振りなトイレ棟、シャワー棟などがあり、最後は無人の浜に出る。細長く続く白い砂浜はぎりぎりのところまで椰子の木に覆われていて、海の水はなま暖かい。歩くと地面が動く感じがするのは、右のハサミが大きなカニが一斉に穴に逃げ込むからだ。

キャビンの建物は一辺5mほどの正方形の平面で、基本的にはロビーと同じ造りだが、壁は蚊帳によってくるまれていて、寝ているあいだに虫に悩まされる心配はない。キャビンの内部にはもう一張りのテントがあって、ベッドが納められている。その脇にはシャワーとトイレがあって、これもテントの壁で仕切られている。電源はあるが、テレビはなく、ラジカセなどの持ち込みも禁じられている。深夜になると毎晩のように土砂降りの雨が降り、テントの屋根を激しく叩く。葉っぱや地面にあたる雨粒は霧状に砕けて室内に侵入し、衣服や寝具をじっとりさせる。それでも明け方近くな

ると雨は止み、猿の遠吠えが寝ている少し上で響く。それはまさにジャングルのなかに寝ているといっても過言でないほど外に近い経験である。

ロッジのオーナーの女性は鬱蒼としたジャングルの土地を買い、友人の建築家とともに計画を練ったそうだ。まず蚊と格闘しながら詳細な植生の測量と写真撮影を行ない、直径25cm以上の木を切らないことにして、建築可能な場所を決めていった。最初はロビーとキャビン1棟だけで始め、徐々にキャビンを増やしていった。レストラン棟は大きいので、テントの屋根を突き破る数本の大木を生きたまま抱き込んでいる。建設はすべて人力で行なわれ、材料の選定も、つくりながら試行錯誤を繰り返して現在の姿に落ち着いた。構造やデッキに用いられているのはアイアンウッドとも呼ばれる暗赤色アーモンドの木で、腐りにくく強度が高い反面、加工がしにくい。だから柱や梁の表面には石を削ったような荒々しさがある。また40m近い木々に覆われたジャングルでは、猿などの活動によって、その高さからの落下物が結構あり、これが屋根の損壊を招くという。屋根の一部に穴が開いた場合、板金ならばその部分を含む板全体を変えなければならないが、テントなら必要な所にだけ継ぎをあてて接着すればよい。日射しは木々が遮ってくれるので、テントでも十分涼しい。従業員5—6名、建設スタッフ数名が、入口近くにある高床の建物に寝泊まりしていて、全員が持ち回りでいろいろな仕事をする。例えばクレイジー・モンキー・ライドのインストラクターが翌日の朝食の給仕だったりする。このクレイジー・モンキー・キャノピー・ライドというのがまた傑作で、40mほどの高木の樹冠に設置したデッキから数十m先の高木のデッキまで、ターザンのようにケーブルに滑車でぶら下がって渡るのである。自分と同じ高さの隣の木には、ナマケモノがぶら下がってこちらを見ている。

すっかり旅行記のようになってしまったが、書きたかったのはこのロッジを通した建築の経験である。なにを経験したかというと、まずはその固有

の湿気や音のなかに身を置くことによって、視覚的にだけでなく、圧倒的にジャングルに包囲されること。そしてもうひとつ、このロッジのやり方というか、運営の精神のようなものに包まれること。前者を物理的な環境という意味で「あり方」の経験、後者を「やり方」の経験とすれば、ここでの「あり方」の経験は、この独特の「やり方」でなければ獲得することができないたぐいの、たいへんに壊れやすいものであった。もし別のやり方、たとえばガラス張りの建物をつくって、エアコンの利いた都会と変わらぬ便利さを持ち込んでいたならば、猿やナマケモノだけでなく、ジャングルも遠ざかってしまったであろう。つまりここには「あり方」と「やり方」の独特な響きあいがあるのである。その建築のかたちは、「やり方」によって内側から支えられているような印象すら受ける。蚊帳張りのキャビンに入っただけで、この場所には冬がないこと、したがって虫を排除するかしないかで、内側と外側が決まること、不便な場所での建物の維持の仕方、汚水の扱い方などなど、その場を成立させるいくつかのルールや判断が浮かび上がるのである。空間の「あり方」が、そこに関わる人間に対してつねにそこでの「やり方」を再現してみせるのである。こうした「あり方」と「やり方」の有機的なつながりがない空間というのは、内側からの支えを欠いている。したがって瞬間的に目を楽しませることはできても、その空間が使われることによって、さらに育っていくようなことにはならない。

基本的には建築の経験にも、都市空間の経験にも、風景の経験にも、この物理的な環境のあり方と、それを生成し維持してきたやり方の2つが同時に含まれている。たとえば棚田の風景を経験するというのは、等高線をなぞった細長い水田の連なりのなかに身を置くということだけでなく、斜面を耕し、石を積み、水平にならし、水路を引き、稲を植えるという、その場所で繰り返されてきた人間のやり方のなかに身を置くということでもある。そういうやり方がはっきりある場所は、たとえそれが外部空間であっ

ても、ある種の内側を感じさせるものである。近代主義の建築は、基本的にこうした内側の持続に閉鎖性を読みとり、保守のレッテルを貼りつけ、未来志向の立場から批判を加えてきた。それは20世紀には一定の役割を果たしたことは認める。しかし、これからもずっとそれでいいはずがない。なぜなら、そのことによってやり方とのあいだにあった、空間の響きが失われてしまったからである。どうしたらこれからの21世紀に、このあり方とやり方が響きあう、いきいきとした空間をつくりあげることができるだろうか？この本はその疑問にすぐに答えを用意するものではないが、考えるきっかけのスクラップ・ブックになればよいと思う。

面具

在参观旧金山的德扬（De Young）美术馆时，我们被民俗艺术展厅里众多各异的面具所深深吸引，比如一些有非常大的嘴巴、眼睛或是耳朵的面具。通过放大面部相应部位，这些面具分别用以象征拥有超越人类语言、视觉或者听觉能力的神。它们的象征意义只源于面部特定器官的变形。然而，变形的机制需要背景支撑；需要一个潜在的模式或者类型上的对应物来充当其参照物。对面具而言，潜在的模式或者类型上的对应就是面具背后的人脸。人的面孔是个易识别的强势的模式，因为我们很容易把建筑立面、电源插座甚至是木头的纹理与人的表情联系起来（大腿很难建立起类似的象征性认知，即便它以某种方式进行变形）。眼睛、鼻子、嘴巴、眉毛、耳朵和头发根据面部轮廓分布，这种不变的组织方式决定了面部的模式。由于面部是通过整体与局部的紧密关系来传达表情的，所以一旦某一局部的形状、大小和位置发生改变，平衡就会被打破，面部就能传达出强烈的意义和信息。在面部各器官组织方式不变的情况下，想象一下变形的局部是如何传递信息的，这就是面具获得意义的方式。面具的变形艺术和智慧给予了我们很多启示。

对于当代建筑设计而言，什么是可以等同于面具的潜在的模式或是类型上的对应，并可以此作为设计出发点的呢？这是长久

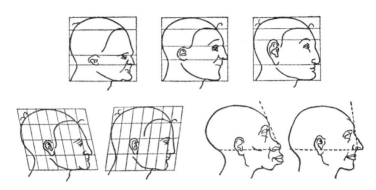

因网格变形和面部角度变化呈现的面部形态对比[2]

以来困扰当代建筑的一大难题。建筑师设计的那些新的、有名的建筑总是显得与周围的房子如此格格不入。这些建筑仅被认为是完美诠释了新颖和自由，并且在东京这种历经废弃、重建且始终处于新陈代谢中的城市，确立模式和类型上的对应是不被看好的。因此，追求暂时的新奇已然成为建筑的发展趋向。然而，是时候去质疑这种价值取向了。由于受到地震、空袭、奥林匹克运动会以及经济快速增长等因素的影响，"不断变化的城市"这一概念在东京加速形成。它发展得如此迅猛，因而被当作是一种新的城市模式吸引着全球的关注，只有欧洲"静止的城市"模式可与之抗衡。鉴于"不断变化的城市"发展的轨迹具有不可逆转的特点，我们必须从即刻起充分重视和确立模式和类型上的对应。

通过对模式和类型的变形和转换，我们可以重塑建筑的整体性，这正是我们目前所需要的，塑造一种连住宅那么小的房子都可以被整合在一起的城市景观。在这种共识下，建筑的智慧将不是去创造暂时的新奇。

　　类型学通常被认为是无足轻重的，然而因为它深深扎根于我们的日常生活之中，它仍然具有重要的作用，就算是小小的变形都能在建筑语义学上产生重大的影响。即使是现在，几乎所有的住宅都包含基础和楼板，在其上立柱子和墙体，然后再由它们支撑屋顶和窗；住宅的功能布局包括入口、起居室、厨房、卧室和厕所。就像人面部的各个器官，它们是住宅不变的组成部分。只

要各功能之间关系组织合理，它们能够根据场合的需求而变化出任何可能的组织方式。这种改变可以从两种不同的语境进行探索。第一种语境是对特定场合的回应，类似于对当今住宅的架构做出回应（以面具为例，这就好比是面具所代表的神）。第二种语境是对与住宅相关的语义学的深层结构进行解析式的介入，即着重解读类型的对应物的某个常量或者常量之间的某种关系，使之产生变化（以面具为例，就好比是脸上的哪个部分被夸大以及被夸大到何种程度的问题）。后者是建筑修辞学领域的一次发现，由于它源于相同的类型或固有模式，因而具有可与周围其他建筑分享的品质。

换言之，尽管或正是由于局部变形的住宅会整合许多莫名的住宅，这样就会创造出既有趣又令人惊叹的意义。

在内心深处，我们渴望改善我们的生存环境。如果一个人对他所居住的小镇讨厌到唾弃的地步，但却十分喜爱他舒适的工作场所，一个建筑学意义上的好建筑，这将是多么可悲。相反，我们希望将自身的精力和技能用于改善周围的环境，诸如东京，以此来丰富自己的生活。我们认为这些努力是建筑对于街区、城市和道路景观的责任。同样，这些努力也与一个事实密切相关，即多数的人类活动是通过不断重复得以持续的。在循环再生中，人们反复思考建筑的意义以期不断地去填补些东西，而这种思考是如此的重要、密集、昂贵和沉重，是凡人不可能在短暂的一生中完成的。在循环再生中，我们既可对简单重复父辈的工作而感到

绝望，也可去享受参与了这令人愉悦的循环再生的过程，它将我
们与过去相联系。当然最终还是由你来决定怎么做，但是有些人
开始确信后者会使我们更快乐。

お面

サンフランシスコにある、デ・ヤング美術館に行ったときのことである。民族美術の部屋で、じつにさまざまなお面に惹き寄せられてしまった。たとえば口だけ、目だけ、耳だけが大きくなったお面。それらは、各部位の感覚が肥大化し、言葉や視覚、聴覚が常人を超えたパフォーマンスをもつ神様を表わしている。お面のそんな象徴的な意味は、部位の変形だけで生成されている。しかしその意味生成のメカニズムには背景が必要で、目の前にある形に対して、参照としての定型や類型が成立していることが欠かせない。お面の場合は、その背後に隠れてしまう人間の顔が定型である。建物の立面が顔に見えたり、電気のコンセントが顔に見えたり、木目のなかに顔を見つけたりするように、顔はパターン認識しやすい強力な定型といえる（これが太腿であれば、多少変形したところで同じことは起らない）。顔の定型は、目と鼻と口と眉と耳と髪が頭蓋の輪郭のなかにあることを不変の配置とする。顔はこうした部位と全体性の濃密な関係によって表情を得ているがゆえに、平均的なバランスから逸脱して部位の形状、大きさ、部位間の距離などが変わると、とても強い意味やメッセージを発することになる。人間の顔という定型を成立させている不変の配置のなかで励起された、特定項目の想像的な振る舞い。お面の意味はこのように位置づけられる。このお面の変形技術、変形をめぐる知性には学ぶべきことが多そうである。

現代の建築の設計において、どうしたらお面のように定型や類型のようなものからはじめることができるだろうか。これはずっと現代建築の懸案となっている問いである。新しく建てられる建物が、特に建築家の作品が、あまりにも周りに建っている当たり前の建物と違い過ぎているのである。

これまではそれを斬新とか自由と呼んでなんとか成立させてきた。スクラップ・アンド・ビルドによって絶えず新陳代謝を繰り返している東京のような都市では、いわゆる定型や類型の評価も低い。だから場当たり的な斬新さに建築表現の可能性を見ることもできるのかもしれない。しかし、そこにどれほどの意味があるのか、よく考え直すところにきている。大地震や空襲、オリンピックや高度経済成長によって東京で加速されてしまった「変化する都市」というコンセプトは、いまやヨーロッパの「不変の都市」に対抗する、新たな都市モデルとして世界から注目されるにまで成長した。だからもはや「変化する都市」は後戻りできないからこそ、定型や類型を一度受け止め、これを変形させることによって、住宅のような小さな建物であっても都市の風景につながっていけるような建築の全体性の再構築が求められているのではないか。そのような建築の知性は、場当たり的な斬新さを必要としないはずなのだ。

類型は、一般につまらないものと思われているけれど、それが深く日常性に位置づけられているために、少し変形するだけで大きな意味の変化を生む力を持っている。いまだにほとんどの住宅に基礎と床があり、その上に柱、壁、窓、そして屋根があるし、計画的には、玄関、居間、台所、寝室、浴室がある。これらは顔の各部位のように、住宅にとっての不変項である。それらが合理性をもって関係づけられている限りにおいて、時と場合に応じたあらゆる変形が可能だろう。だがこの変形は2つの文脈で吟味される。ひとつは「時と場合」に対する応答。それは現代の住宅がどんな枠組みでつくられているのかという内容とのマッチングのこと（お面でいえばどんな神様に捧げたいかということ）である。そしてもうひとつは住宅の意味生成の構造に対する分析的介入。それは類型のなかで固定されていた諸項目やそれらの関係のなかから、何が励起され変数に変わるのかという形式についてのこと（お面でいえば、どの部位をどれぐらい肥大化させるかということ）である。後者は建築の修辞といえる領域での発見である

が、それが類型や定型から見出されたものであるために、周囲の建築や類型にも共有可能な発見になっている。

つまりわれわれは、さしたる特徴もないあたりまえのたくさんの住宅に似ていながらも、あるいは似ているからこそ、一部を変形させることによって、おもしろい、驚きをもった建築をつくることができるのである。

われわれのどこか根底に、自分たちがいる環境を良くしたいという気持ちがある。住んでいるところはゴミゴミして唾も吐きたくなるほど煩わしいけれども、仕事は風光明媚な気持ちよい風景のなかでやっています、というだけでは情けない。東京という自分たちの環境をよくするためにスキルやエネルギーを発揮して、生活をもっと豊かにしたいのである。その気持ちは都市の風景や街並など、建築の地域に対する責任の持ち方の問題とも重なってくる。人間の行なう諸活動のほとんどが再生産によって維持されていることにも深く関係する。再生産のなかで、建築という重く、鈍く、高価でやっかいなものが、生身の人間には達成できないなにがしかのことを補ってくれていることの意味を繰り返し考えている。再生産の循環のなかで、昔と変わらぬ同じことを繰り返すだけと考えるか、昔とつながった幸せなサイクルのなかに入っているのだと考えるかは当人次第だが、われわれは徐々にそれを幸せなことと確信しはじめている。

捕捉昆虫

以往我们的暑假都是在收集昆虫中度过的。对我们来说这可是件正事，尽管我们不住在盛产甲壳虫或是鹿角虫之类稀缺昆虫的山区里。我们前往所有能涉足的小树林去探险和搜寻，除此之外，我们也如饥似渴地阅读与昆虫有关的书籍，来了解它们的生物特性。现在回想起来，从某种意义上来说，我们是在做一项生物多样性的田野调查。为了能发现和捕捉到尽可能多的昆虫，我们渴望了解每种昆虫喜欢什么树种，可以在树的哪个地方找到它们，以及在一天或一年中它们是如何度过的。令我们着迷的是，不同的昆虫喜欢在不同的特定环境中栖居，而且它们各自的大小和形状也都适应这种特定的环境。更为有趣的是，所有这些作为一个整体和谐地共存于一棵树、一片树丛和森林里。寻找昆虫就相当于寻找它们最喜爱的栖身环境，这就是为什么在收集昆虫的过程中，我们逐步了解了它们的行为方式，并且长时间逗留在树丛中寻找它们的住处。我们想象着，在真实的丛林中昆虫的跳跃、行走和呼吸。然而，一旦我们在树叶下或者树梢上辨别出些光滑的黑色昆虫时，环境与人类之间梦幻般的和谐立即就会被打破。从那刻起，捕捉昆虫才真正开始，因为我们把它们带离了之前与环境和谐相处的幸福状态，并将它们占为己有。小时候，我们喜欢夜晚在树林中打着手电来吸引昆虫，然后用一张纸把它们统统抓住。回想起来，这种事情只有那些没耐心的大人们才会去

做。捕捉昆虫的实质似乎不在于捕捉的效率，而在于那段短暂的与自然融为一体的经历。

雅各布·冯·俞克斯屈尔（Jakob von Uexkull）和乔治·克里萨特（George Kriszat）写的《穿梭于动物与人类世界之间的漫游》（*Streifzunge Durch die Umwelten von Tiren und Menschen*）一书，让我们意识到在捕捉昆虫的过程中，我们与自然是多么地和谐。作者借分析壁虱的生活将生物的世界解读为"周围环境"（Umwelt）。壁虱利用其"皮肤的感光性"爬上树梢以获取更多的光亮。同时它以恒温哺乳动物的皮肤散发出的丁酸气味为信号，当这些动物在细枝下经过时跳到这些猎物身上。然后找到猎物身上"没有毛发的地方"深深地蛰进去，"慢慢地吸着温暖的

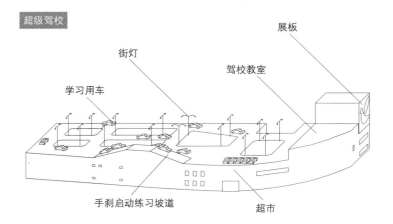

超级驾校

展板

街灯

驾校教室

学习用车

手刹启动练习坡道

超市

血液直到将自己撑得鼓鼓的"。因此，壁虱的行为取决于它对光、丁酸气味以及毛发触觉这三种刺激的依次反应。相反，壁虱所处的宏观世界对它而言越来越贫瘠，只剩下三种知觉和行为信号。"周围环境的贫瘠是行为可靠性的保证，可靠性比丰富性更为重要。"壁虱的智慧也许就是将有限的几个无序信号综合之后产生有机秩序。当我们以壁虱的智慧为引领，去畅游这片丛林时，这片丛林就会显得非常特别，几乎称得上是诗意的。

对生物的多样性，以及对动物与哺育它们的环境两者之间相互依存的机制，我们了解得越多，就越惊讶生命在进化过程中所获取的智慧。从生物多样性的角度去思考建筑可能存在的与之相似之处，是个诱人的想法。《没有建筑师的建筑》（1964）的作

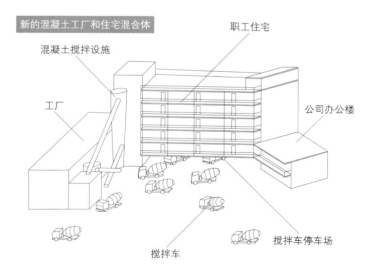

新的混凝土工厂和住宅混合体

混凝土搅拌设施

职工住宅

工厂

公司办公楼

搅拌车停车场

搅拌车

者伯纳德·鲁道夫斯基（Bernard Rudofsky）也许会将乡土建筑的消失与濒临灭绝的物种进行类比。在书中他证实了与现代主义建筑背道而驰的现象。现代主义是以功能主义概念的兴起抽象简化了人文因素；原型的发展导致了世界的均质化；理性主义的产物将建筑与周围环境相分离；"作品"的架构强调的是一时的新奇，而非历史的再现。生物多样性的模式与基于机械理论的现代主义建筑观念是针锋相对的。

当代城市作为一个整体，它在部分整合了现代技术的同时，也表现出自身的复杂性，这是现代主义城市理论所无法充分诠释

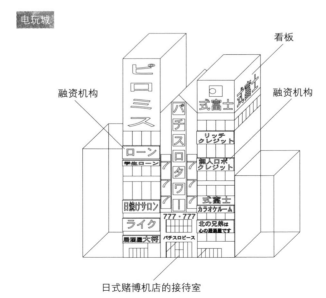

注：融资机构，主要针对工薪阶层和家庭主妇，利率略高但资金量较少。

清楚的。假如这是事实，鲁道夫斯基的理论或许有进一步发展的空间。我们可以试图以生物多样性的模式去理解建筑与城市环境是如何相互作用的。基于这种认知，我们创造出"环境单元"一词去描述这类有整体性且复合的建筑。这类建筑作为城市生物系统的一部分，只有融于周围的市政结构中才能成立。环境单元的概念是将俞克斯屈尔"周围环境"的概念应用到城市空间中，将城市空间解读为一种生物秩序。环境单元是从中提取出一个相互依存的、延展的网络系统，并将建筑置于其中。在《东京制造》一书中被称为"环境单元"的城市空间，它的延展具有多重维度。而这种无处不在的秩序是巴洛克城市的轴线或者现代城市的网格之类的普适性原则所无法涵盖的。相反，它充当了建筑与城市之间的过渡角色。因此，环境单元也带来一个疑问："建筑设计对城市空间的影响程度有多少，而不可控的临界点又在哪？"一个城市的发展趋势若能从这一角度去彰显城市生态特征，这可以认为是城市从岁月中积累出来的智慧。这种城市智慧可以为设计策略提供必要的源泉，就如同生物知识对捕捉昆虫的帮助一样。

　　　虫採り

夏休みの遊びといえば虫採りであったが、カブトムシやクワガタがだまっていても飛んでくるほど山深い場所に住んでいたわけではないので、真剣に探しにいかなければならなかった。とにかく茂みを見れば入って行って虫をつかんでくるのと並行して、家では昆虫図鑑を読んで虫の生態を覚えた。いま考えてみれば、生物多様性のフィールドワークをしているようなものだ。より多くの虫と遭遇し捕獲することを目標にしていたので、どの虫がどんな木のどんな場所を好むのかとか、１日や１年をどんなふうに生きているのかという生態に関心があった。虫によって好きな環境が異なり、環境に見合った全然違うかたちや大きさになっていて、かつそれらがひとつの林、１本の木のなかにも微細に混じり合っていることに夢中になった。虫を探しに行くということは、その虫が好きな環境を探しに行くことと変わらない。だから虫採りというのは、ほとんどの時間が虫のつもりで雑木林のなかを歩き回って好みの場所をみつけることに費やされる。虫の飛翔や歩行や嗅覚に乗り移って現実の林を想像的に体験するのである。しかし、葉の陰や枝の重なりのなかにある黒っぽい滑らかな曲線の断片からお目当ての虫を発見したとたん、そんな環境と一体化した夢のような状態は破られてしまう。そこからの虫採りは、虫と環境の幸せな組み合わせから虫だけを引きはがし、自らの掌中に納めるという狩猟目的に移行する。夜の雑木林にシーツを持ち込み、照明を焚いて虫をおびき寄せる方法は、無差別にいろんな虫を一網打尽にできるやり方であこがれていたが、思い返してみるとあれは時間のない「大人」のやり方で、捕獲効率よりも環境と一体化した時間と空間のほうが虫採りの本質ではないかと思う。

この虫採りにおける、環境と一体化した感覚を思い起こさせてくれるのが
『生物から見た世界』である。著者のユクスキュル／クリサートはマダニ
の生態を例に挙げながら、生命的な秩序から捉えた世界を「環世界」と呼
ぶ。マダニは「表皮全体に分布する光覚」を使って、より明るい枝の先に
向かって動き、「哺乳類の皮膚線から漂い出る酪酸の匂い」を信号にして
枝の下を通る温血動物の上に飛び降り、「触覚によってなるべく毛のない
場所を見つけ、獲物の皮膚組織に頭から食い込」んで、温かな血液を体内
に送り込む。このように明るさ、酪酸の匂い、毛の触覚の3つの刺激に対す
る順を追った反応がマダニの振る舞いを決めるわけだが、逆を言えばマダ
ニをとりまく巨大な世界は、わずか3種類の知覚標識と作用標識からなる貧
弱な姿に変わる。「環世界のこの貧弱さはまさに行動の確実さの前提であ
り、確実さは豊かさより重要なのである」。この限定された無機的な信号
を統合することによって生まれた有機的な秩序は、マダニの知性とも言え
るものである。マダニの知性を借りて彷徨う森のなかは、詩的といっても
過言ではない独自な姿をしている。

生物の多様性と、その生命の源としての環境とのあいだに組み込まれた相
互依存のメカニズムを知れば知るほど、生命というものがその進化の過程
で身につけた知性に驚かされる。でも建築にもそういう側面が認められる
ので、生物多様性をモデルに建築を思考したくなる誘惑を禁じえない。お
そらく『建築家なしの建築』を書いたバーナード・ルドフスキーの意識に
は、消え行くヴァナキュラーな建築と絶滅危惧種の生物との類比があっ
たはずである。そこでは、機能概念の確立が人間を抽象化し、プロトタイ
プの開発が世界を均質化し、生産の合理性が建物を周囲の環境から切り離
し、さらに「作品」という枠組みが歴史のなかでの反復にかえて一回性を
強調するという、近代主義建築の持つ方向性とは逆の方向性が示されてい
た。生物多様性のモデルは、機械論をモデルとする近代主義建築の思想と
鮮やかな対照をなすのである。

現代都市も近代主義を部分技術としては取り込みつつも、総体としてみれば近代主義では捉え切れない複雑な姿をしている。ならば、ルドフスキーからの展開として、生物多様性をモデルに、そこに登場する主体や環境の振る舞いを生態学的に捉えることができるのではないか。そういう直感から、建物として完結せずに周囲の土木的構築物と融合したり、都市生活の生態をひとつの建物によって切り取った、ハイブリッドで一体的な環境を「環境ユニット」と呼びはじめたのだが、これはユクスキュルの「環世界」の都市空間への展開であり、生命的な秩序から都市空間を捉え、ひとつの建物が位置づけられている相互依存の網の広がりを取り出したものである。『メイド・イン・トーキョー』で「環境ユニット」として取り出された都市空間の広がりは、バロック都市の軸や近代都市のグリッドのような全体の秩序では掬えない、建物と都市の中間のディメンションを持っている。したがって「環境ユニット」は、ひとつの建物の設計で都市空間に介入できる、操縦可能なぎりぎり線はどこなのか？という問いかけにもなっているのである。このディメンションで捉えた、ある都市の生態系を特徴づける傾向性は、その都市が時間をかけて身につけてきた知性と言えるものであり、デザイン戦略にとって欠かせない資源になるはずである。虫採りにおいて、虫の生態を知ることが役に立ったのと同じように。

动物塑像[3]

作为动物爱好者，一旦有机会出国，我们就会想去自然公园参观那些依着自己天性生活着的动物。但通常我们都没有时间去，而若是能参观动物园，我们也满足了。但即便这样，仍会因时间不够而无法成行。所以我们就只能在机场买一些当地的动物当纪念品，当然不是活的动物，而是毛绒玩具，或是塑料或者铜制的动物雕像。这两类动物玩具的质感非常不同，以致带回家后我们会把它们分开摆放。放毛绒玩具的叫做"柔软的动物园"，放雕像的就叫"硬质的动物园"。

尽管毛绒动物和动物雕像都是以动物为原型，但是在本质上却截然不同。

塑料或铜制雕像的制作方式是将树脂或熔化的黄铜注入模具，待凝固后从模具中取出来。模具的精确度可确保雕像具有高度的重现能力。塑料的延展性更好，因而做的雕像更为精致，而且还能在上面手绘。然而讽刺的是，雕像越是逼真，就越缺乏吸引力。自然的，我们就更喜欢那些不易制作的小雕像或者未上漆的铜制雕像。由于小的雕像不易再现原型，从而激发了抽象，也由此提升了创作的魅力。如果手里的雕像在感觉上比看上去更重，那么它就会显得更加生动和令人愉悦。

另一方面，毛绒玩具一定是柔软的。它固有的缺点是不适合精确再现动物的外形，以及不能清晰有效地刻画出物体的轮廓。然而这一缺陷可被转化，可去呈现某种只有柔软材料才能传达出的触感，类似于想象着与真实动物进行身体接触。毛绒玩具的特质部分来源于其在坚硬和柔软之间取得了知觉上的平衡：坚硬与再现动物的外形相关，而柔软与触觉相关。无论是塑料或者铜制的动物雕像都不会考虑坚硬与柔软之间的平衡。从这种意义上看，毛绒玩具似乎涉及设计中更高层次的事情。

那么，是什么因素真正决定了毛绒玩具的品质？我们对半填充毛绒玩具非常感兴趣，在过去的十年间它已经成为一种新的流行趋势。相比之下，我们从小对毛绒玩具的印象都是因要增加内

部压力而在其内塞满棉花，也许目前这类可爱的玩具仍然占据市场的主导地位。玩具内部压力的存在是为了更好地再现动物的形状。虽然鼓鼓的传统毛绒玩具看起来很逼真，却留给人单调呆板的印象。外形上，"松软"的半填充毛绒玩具就像它的名字所暗示的，看上去有点古怪，显得松松软软，很难再现动物的外形。因为松软，它们可以依照人们拿捏或是摆放的方式而随意变形。当你摆弄它们时，它们就像在和你一起玩耍，并成了你的亲密朋友。它们看起来是这么的伤感，因而你甚至想问："你哪儿不对劲啊？"正是松软的特点使它们富有表现力。在此，玩具栩栩如生的表情源自我们与这个无生命的玩具之间充满想象力的接触。

由于所用材料很难准确地再现动物外形，毛绒玩具要刻画动物形态就必须大胆地简化或是抽象。制作者要利用织物被触碰时表现出的特性：卷曲时可缠绕，拉扯时会留下凹痕。通过观察材料对外力动作的反应和它的应对模式，制作者可以调整毛绒玩具的形态细节或整个外观。换句话说，他是在尝试再现动物玩具内部的力流，而不是去塑造固定的外形轮廓。从这个角度看，毛绒玩具是动态的，是材料属性与制作者手力相互作用的场所。更进一步说，它们松软易变形的特征可以理解为一个允许外力共同参与的机制（来源于将之捏在手上的力，或是小孩子的脸颊蹭玩具的压力）。

毛绒玩具的抽象与包豪斯式的抽象是不同的，后者是将物体简化为几何式的建筑建造。在几何式抽象中，观察者自身就是所

见物体外形的决定者。相反，对于毛绒玩具，由于填充的棉花和可触摸的表面织物的材料特性，它们拒绝具象，因此打开了观察者与物体之间的一扇门。制作者无法控制的材料的内在属性成为了抽象的依据。如果说几何式抽象的过程具有普适性，那么毛绒玩具的抽象具有特殊性。前者是从具象到抽象的单向操作，后者是两者之间的相互作用。两者之间的平衡不仅仅激发人们的视觉想象，同时也激发我们的触觉甚至是心理感知。毛绒玩具的魅力就在于此。

在具象与抽象之间持续摇摆，这种"之间状态"增加了建筑的趣味性。以屋顶为例，屋顶可以被抽象为一个普适性的几何三角形；也可依其特性抽象为雨水从高往低流动的媒介，屋顶就成了水与重力表演的空间。因此我们可以将屋顶理解为具象与抽象间保持动态和呈现动态的媒介，不同于束缚于大地的那种静态的建筑语言。如果我们能进一步探求建筑的这种动态摇摆状态，那么它将获得毛绒玩具般的生动表情，因而变得更加可爱而亲切。

動物の模型

動物好きなので、海外へ行くたびに国立公園に行って自然のなかの動物を
見たいと思っている。しかし、その時間がないから動物園にでもと思って
いるうちにこれも時間切れになって、結局空港で土地の原生種をお土産に
買うことをくり返している。といっても、ぬいぐるみや樹脂製や真鍮製の
フィギュアのことだ。この2つ、あまりにも質感が違うので、それぞれ家
のなかの別の場所にまとめて置いておくうちに、ぬいぐるみの場所は「柔
らかい動物園」、フィギュアの場所は「固い動物園」と呼ばれるようにな
った。

ぬいぐるみもフィギュアも動物をかたどった模型という意味では同じであ
る。しかし、そのあり方はずいぶん違っている。

まず樹脂や真鍮でできた動物のフィギュアは、溶かした樹脂や真鍮をメス
型に流し込み、冷えて固まったところで脱型する工程でできているので、
型さえしっかりできていれば、かなりの形の再現性が得られる。樹脂のも
ののほうが脱型しやすいためか、より繊細で、仕上げには手作業の塗装が
施されている。でもあまり詳細に再現されていると逆につまらなく感じら
れる。自然と、詳細な作業がしにくい、小さな縮尺のものとか、着彩され
ていない真鍮ものに手が伸びることになる。小ささは再現性にとっては困
難であるが、そのために省略が必要になって、そこに逆に創作的な魅力が
出てくるのだと思う。手に乗せた時に、見た目の小ささより重いと感じら
れると、生き物らしくてなおよい。

これに対してぬいぐるみはまず柔らかくないといけない。だが、その条件によって、動物の姿形を精巧に再現することに関してはハンデを負っている。きっちりとした印象強い輪郭を描けないからだ。しかしそのハンデは柔らかさだけが再現できるある感覚——動物との想像的なスキンシップみたいなもの——に対してはメリットに転じる。おそらく固さによる姿形の再現性と、柔らかさが生む感覚のバランスによって、ぬいぐるみの良し悪しが決まる。樹脂製と真鍮製のフィギュアに、この柔らかさと固さの複合という次元はない。その意味で、ぬいぐるみのほうが、デザインの問題としては少し高度なのではないだろうか。

では具体的になにがぬいぐるみの良し悪しを決めているのだろう。われわれが注目しているのは、おそらくここ10年ぐらいの新しい傾向だと思うが、なかの詰め物を減らして、内部からの張りを出しすぎないぬいぐるみである。われわれが子どもの頃のぬいぐるみといえば、なかに綿がたくさん詰まっていて、内圧を上げる作り方しかなかったように記憶している。もちろんこのタイプはいまも本流であろう。動物の姿形の再現性を高めるための内圧である。内側からの張りがあるので元気さを感じられるが、ひとつの形に固まって硬直した印象も与える。それに対して内圧を下げたものは、「へたれ」と呼ばれるように元気がないし、輪郭もぼやけてかたちの再現性は低い。ぐにゃぐにゃなので、こちらの持ち方、置き方によっていろんな姿、形になる。動かしているうちに、なんだかじゃれているみたいになって、感情移入をしやすいのである。へたれているので、「どうした？」と、声もかけやすい。へたれのもつ弱さが表情を豊かにしているのである。そんな無生物との想像的なスキンシップのなかに、生命的なニュアンスが生まれてくるのである。

ぬいぐるみの形は動物をもとにした具象であるが、素材の軟らかさはかならずしも高い再現性をもっていないので、大胆な省略（捨象）、すなわち抽象が必要になる。そのとき利用されるのが、フェルトが曲げに抵抗して反ったり、引っぱりに追従してへこんだりする素材の振る舞いである。素材のもつ性質が外力に対してどのような反応をするのかを観察し、その反応のパターンによって、動物の姿形の細部を読み替えたり、見立てたりしていくのである。それは動物の姿形を外側から固定された輪郭として再現するというより、内側からの力の流れとして再現するということである。この観点からみれば、ぬいぐるみは、針仕事をする手の力と、それに応じた素材の振る舞いの力動的な場として抽象される。こう考えると「へたれ」は、この場に、縫う人の手の力だけでなく、さらにそれを持つ手やすりすりする頬の力を参加させる仕掛けなのである。

このぬいぐるみにおける抽象は、バウハウス的な幾何学の構成に還元する抽象とは違う。幾何学による抽象では、ものの外側の輪郭は観察者が決めることになっているので、観察者は直接対象に向かっている。しかしぬいぐるみの場合、なかに詰める綿や外側をくるむフェルトといった素材の変えようのない性質が、観察者と対象のあいだに挟まっている。素材の性質という、観察者にとってはどうしようもない固有性が、抽象の　デヴァイスになっているのである。幾何学による抽象がユニヴァーサルな抽象とすれば、ぬいぐるみの抽象はスペシフィックな抽象と言えるだろう。前者は具象から抽象への一方通行であるが、ぬいぐるみにおける具象と抽象には往還があり、そのバランスが視覚だけでなく、触覚や、心理まで動員した想像をかきたてる、ぬいぐるみの魅力になっている。

この具象と抽象のあいだにあって、両者を行き来する感覚は、建築もおもしろくする。たとえばよく三角形というユニヴァーサルな幾何学として抽

象される屋根も、雨が高いほうから低いほうに流れるという、重力に対する水の振る舞いのスペシフィックな場としても抽象することができる。そうすれば抽象と具象のあいだにあって、力動性を保ったものとして屋根を捉えることができる。、そうしないと大地に固定された建築の表現は力動性を獲得できない。その方向を推し進めて「へたれ」ぬいぐるみみたいな生命的なニュアンスがでてくると、建築はもっとフレンドリーで楽しいものになる。

狗和椅子

狗是四足动物。尽管同属犬科犬属，但它已进化出许多不同的种类和品种。对于它们的祖先是谁，各种观点存在分歧。但普遍认为狗是狼离开族群与人一起生活的一个群体。合群的狼被驯化后，适应了人类的环境，进化出各种不同的品种。

有些狗是小型犬比如吉娃娃，有些是中型犬比如秋田犬。其他还有短腿体长的达克斯犬，以及长腿细挑的苏俄牧羊犬。狗的大小和体型的不同决定了它们作为宠物扮演着不同的角色，是猎犬或是牧羊犬。狗有四条腿这个基本形态特征是不变的，但有不同的变异。形态的多样性或许会促成新的行为方式的产生，反过来，环境因素也会要求特定的行为方式去适应它，也许因此就会激发出新的可能性。这在某种程度上可以解释狗具有多样性的缘由。

椅子之间也具有相似的样式和多样性。例如椅子的形状和大小可以传递出它的功用和意义。帝王的宝座有高耸的椅背；总统椅有扶手；为了让人保持良好的坐姿，餐椅的靠背是笔直的；为了方便工作，凳子低矮且没有靠背；婴儿椅很迷你；很深的椅子可以盘腿而坐；长凳就是长到几个人可以一起坐的椅子。

或许你已经注意到狗和椅子虽然看起来一点都不像，但却存在一些共同点：两者都是四条腿，都有各式的形状和大小。有相似的样式是设计"狗/椅子"的依据。狗的种类可以与椅子的类型相类比。犬类的多样性也因此与椅子的多样性相关，从像小型的椅子的吉娃娃到像修长的高背椅的苏俄牧羊犬。

　　这暗示着样式并不如人们所想象的那么刻板。事实上，如果它成为共同语境的一个部分，那么就能够包容个体产生多样性。就像爵士乐的演奏者可以借助和弦自由地即兴表演一样，它拥有充足的潜能去发展出新的表现形式。

　　这种多样化增加了社会的丰富性和弹性。社会或者生态圈越先进，生命形态就越是多样。多样性是特定社会成熟度的标志。大多数当代设计师关注于个体的特性，而我们关注的是共性。比起全部是个性化的设计，或许发现共性的特征有助于产生更可持续的多样性。这是一种能自发产生多样性的设计方式，并且其发展仅需借助我们很少的帮助就可完成。

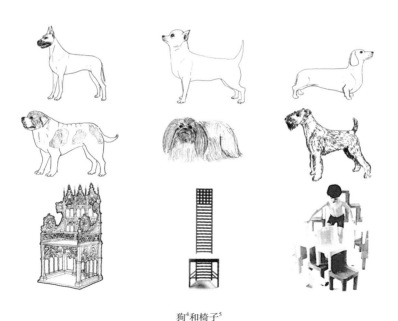

狗[4]和椅子[5]

イヌとイス

犬は4本足の動物である。同じイヌ科イヌ属でありながら、多様な形態をもっている。犬の祖先には諸説あり、一般的にはオオカミの一部が群れと別れ、人間と暮らすようになったといわれている。社会性に優れたオオカミが家畜化し、人間のさまざまな環境に適応し、変化を遂げてきたものだ。

チワワのような小型、柴犬のような中型、ダックスフントのように胴長短足の犬もいれば、ボルゾイのようなスマートで足の長い犬もいる。プロポーションと大きさで、愛玩用や狩猟用、牧畜用など、意味や機能が大きく変わる。4本足であるというフォーマットは、それ自身が壊れない限り自由に種類を増やすことを許容するものである。ここではフォーマットがさらなるパフォーマンスを開発することもあるし、環境によって求められるパフォーマンスが、フォーマットのさらなる可能性を逆照射することもある。だから犬はここまで多様性に溢れているのだ。

イスもそうしたフォーマットと多様性をもつものといえる。たとえば、イスのプロポーションと大きさは、その使い方や意味をもたらす。王の玉座は背が大きい。社長のイスには肘掛けがある。ダイニングのイスは姿勢を崩さないよう背もたれがまっすぐに立つ。作業用のイスは逆に背がなく低くなっている。子供用のイスはすごく小さい。座面が広いイスならばあぐらがかけるし、幅が広ければ2、3人が座れるベンチになる。

ここでひとつ気づくことがある。イヌとイス。この2つはまったく違うように見えて、4本足というフォーマットによって、多様性を備えていることは、似ている。《イヌ・イス》というイスをデザインしたのは、このこと

に気づいたからだ。イヌの種類をイスの種類として考えると、このことによって、チワワのような小さなイスからボルゾイのようなスマートなイスまで、イヌの多様性がイスの多様性の話に接続された。

こう考えると、フォーマットはけっして堅苦しいものではない。むしろそれらが共有される言語であれば、そこに関わる誰もが、多様性を築いていくことができる。それはコードとプレイヤーの自由なアドリブが多様性を広げていくジャズのように、新しいパフォーマンスが開発されていく可能性を秘めている。

多様性は社会を豊かで強いものにする。高度な社会や生態系ほど、多様な生物によって満たされているように、多様性は世界の成熟度を示す指標にもなっている。だから現在のデザインの多くが個別性に向かう傾向にあるのに対し、われわれの関心は共有性に向かうことである。共有のフォーマットを見つけだすことが、個別なものを生みだすことよりも、持続的に多様なものを生みだすことができるのだと思う。自分たちですべてデザインをしなくとも、自然に多様性が生まれ進化するデザインである。

打扫

　　东京自由丘有家以炸猪排而闻名的餐厅，它很是令人惊奇。虽然餐厅小且狭长，只有一张可容纳10人左右的台子，但在后墙上开了通长的窗子。就是在那儿，挂着那神奇的白色蕾丝窗帘。通常在炸猪排餐厅里，白色蕾丝窗帘一般都容易很快地沾上油垢而变脏，但这些窗帘总是像刚刚洗过一样的干净。即便是原木台子，它犹如精纺拉毛棉织物般的表面，似乎也向人们诉说着它是经常被擦拭的。猪排很美味，但即使是在顾客面前现煎，店里也没有一丁点油渍。这一切都彰显着这家餐厅的品质。

　　当我们想着要花费多少精力去打扫才能保持这样的室内环境时，其实也是在想象微小油粒是怎样在空中漂浮的。同样，这家餐厅的工作人员一定是边打扫边从那些微小油粒子的角度去想象：它们是如何溅出来的，漂向什么方向，又落定在哪里。当然，只有多次参与清扫工作，才有能力从油滴和灰尘这些微粒的视角去观察世界。也只有经历一段时间之后，才会开始观察清扫的对象，例如灰尘，它们的行为模式。从那时起，基于这些经验的预判，诸如"如果灰尘会在这里积攒，那么它们也会积在那边"，会告知我们如何打扫眼下的灰尘。换句话说，打扫这个行为需要具有透过油粒子的行为去理解空间的想象力。

通过打扫，从不同稠密度的油渍和灰尘的角度去获取空间体验，就成了一种现象学上的空间感知。结构理念是将空间分解为不可再简化的封闭体系，一个由独立元素及其组合形成的体系。与之相反，现象学的观点激发我们从世界是由众多因素共同作用而达成平衡的角度去展开想象。基于对空间的这种认知，在建立感知与功能之间新的关系过程中，常规的身体势必将被重新解读。我们与扫帚之间，通过相互作用可以彼此互相适应，比如，手将扫帚弯曲到什么程度，扫帚因弯曲可能释放的能量，以及它能把灰尘扫到多远等等。通过每次扫的动作，不断调节，使得这些关系达到最佳的平衡状态。只有那时，身体借助扫帚才能成为这微妙系统中的一部分，去发现和干预像灰尘这样的微粒现象。另一方面，使用刺耳的吸尘器会使这一切都立即消失。用吸尘器打扫其实是吸尘器在控制身体。

从这个角度看，打扫这个行为为我们提供了一个仔细观察环境及其现象的恰当时机，同时也触发了一种全然不同的空间感知。事实上，每新搬一处，我们总会从打扫新的、陌生的房间开始。然后，与打扫之前相比，房间会呈现出细微的差别。也许这与亲自打扫和接触事物后所获得的安全感有关。然而也可以说，在清洗过柱子、拖过地板、擦亮玻璃窗之后，你查看了房间的每一个角落和缝隙，一种全新的空间感会从身体的感知中萌生。这一定可以引向第三种空间性，类似于亨利·列斐伏尔所谓的"空间实践"。它既不属于设计者的"表象的空间"，也不属于使用者的"空间的表象"。打扫的概念让我们更清晰地理解这类处于不同体系的空间，它不同于生产空间。

掃除

自由が丘に恐るべきトンカツの名店がある。10名ほどしか入れないカウンターだけの細長い店だが、その奥の窓にはいつも白いレースのカーテンがかかっているのだ。トンカツ屋に白いレースのカーテンとくれば、あっという間に油を含んだホコリがついて薄汚くなってしまいそうなものだが、いつ行ってもこざっぱりとしている。白木のカウンターは表面が微細に起毛したようになっていて、何度も水拭きされたことを物語っている。味もさることながら、目の前でトンカツを揚げながら、店内のどこも油っぽくないところにはこの店の精神が現われていると言えるだろう。

このように店内を維持するには、どんなに掃除をしなくてはならないのかを考えているうちに、空中に浮遊している微細な油滴の振る舞いを想像していた。きっと店員さんたちも、微細な油滴はどこで生まれ、流れ、溜まるのかと、油滴の気持ちになって掃除をしているに違いない。でも油滴やホコリといった微粒子の気持ちになるには、ある程度の経験がいる。まめに掃除をしていると、ホコリなどの取り除こうとしているものの振る舞いのパターンが見えてくる。そこから「ここに溜まるならあそこにも」という感じで予測をして、ホコリをやっつけていくのである。掃除には、油滴の振る舞いを通して空間を経験するような想像力が必要なのである。油やホコリなどの微粒子の密度によって捉えられる空間は、要素の分節と統合による構成的な空間とは違って、複数の主体の振る舞いが平衡を保っているような現象についての想像力を開いてくれる。こうした空間認識のなかでは、身体も普段とは違う感覚と作用の連関のなかで位置づけ直されることになる。たとえば床を掃くということは、箒に加える力と、箒のしなりと、しなりから解放された箒の反発力と、それによる掃こうとするゴミや

ホコリの移動距離の関係を、ストロークごとに修正しながら、最良のバランスを見つけつつ、前後に進んでいくアフォーダンスとして捉えられる。そのとき身体は、箒を介してホコリという微粒子がつくりだす現象を観察し、介入する繊細さのなかにいる。騒々しい掃除機を使ったら、そんなものはすぐにかき消されてしまう。掃除機を使った掃除では、身体はむしろ掃除機に使われているのである。

掃除というのは対象や環境をじっくり観察するよい機会にもなっており、知覚される空間にも確かな違いをつくりだす。新しい場所に引っ越してくるとき、見慣れない部屋をまずは掃除するだけで少し違った空間になったような気がする。自分で掃除をしたから安心したとか、愛着がわくというふうにも言えるが、柱を雑巾がけしたり、床を掃いたり、窓を磨いたりして、部屋の細部を目と手で確かめていくうちに、自らの身体感覚のなかに、その空間が立ち上がってくるとも言えそうである。それはアンリ・ルフェーブルの言う「空間的実践」——計画者の空間である「表象の空間」にも使用者の空間である「空間の表象」にもあてはまらない——に近い第３の空間への入り口なのではないだろうか。モノ作りとしての空間とは位相の違うところにある空間が、掃除を通して少し見えたような気がする。

运动场

我们从小就玩球类运动，诸如棒球和足球。学习建筑之后，我们意识到球场就是它们的平面。严格意义上说，游戏规则规定了标准场地的平面，因而规则也就仅适用于这种场地。然而，小时候我们几乎很少在标准场地上打球。作为替代，则利用任何合适的场地去踢球或打棒球。针对替代场地某些缺陷的特征，我们自己制定了相应的规则。那样做真是很有趣！我们尝试了许多不同的规则，并讨论它们的利弊，最终发明了全新的游戏。

尤其是踢球，它我们玩过的，最喜欢的球类游戏之一。小学四年级时跟同级的朋友们一起踢球的激动心情，我现在仍记忆犹新。我们的球场在两栋平行的木构教学楼之间的院子里，球场左边是连廊，右边是种满松树的土丘。场地大约16米宽。由于被建筑和走廊环绕，这片狭窄的场地充满了回声，窗边的人也因此成了观众。现在回想下，尽管四年级的学生是不可能由此联系到"城市"这个词，但它确实形成了一个生机勃勃的城市空间。当场地被高年级的学生霸占时，我们不得不到学校的院子里去踢球。我们仍清晰地记得，因为学校的院子太宽敞，我们根本没办法适应它，我们玩得也就不像往常那么尽兴了。考虑到我们的踢球规则是根据那片特定场地而制定的，因此我们自然就会对完全不同的学校的院子感到失望了。顺便提一下我们的规则：首先，为了避免打碎教学楼的玻璃窗，我们用又小又轻的塑料球代替足

球；其次，由于底线之间的距离太短，一旦被球打到，队员就会自动出局；最后，一旦球飞过教学楼左翼的屋檐上了屋顶，就得一分。事实证明，把掷出的球踢回比用球拍打回更难，因此我们都迫切地想找到正确的踢球方法。令人印象深刻的是，我们中的一些人以惊人的速度学会了如何按规则踢球。最重要的是，作为唯一在这特定场地踢球的球队队员，我们都很自豪，而且它正适合四年级生。尽管有人能踢出凶狠的直线球，但我们也从来没有打破过一扇玻璃窗，也很少有人直接得分。每天我们都要踢两场激烈的比赛，午休一场，放学后一场，天天如此。然而，由于新学期开学和重新分班，我们便搬到了另一栋教学楼。不知不觉中我们就不再踢球了。但依据场地的特殊性而修订和制定游戏规则所带来的乐趣，以及那些独特的比赛都深藏在我们的记忆中。

规则、场地和球员的表现，三者之间的相互映射是运动空间的本质，是令大多数人着迷的梦幻般的空间。这种梦幻般的空间

氛围使人忘记了运动是基于前提假设而展开的。例如，足球是基于"在不能用手的前提下将球送入对方球门"这一假定。在外行人看来，这也许是非常奇怪的行为。他们可能甚至会问："你们为什么不用手呢？"当设定球是踢的时候，这一假定也就对脚提

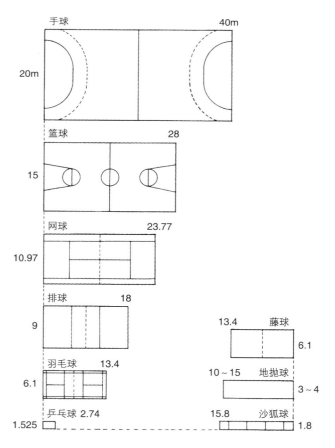

标准运动场地尺寸[6]

出了特殊的要求。根据脚承受的作用力和反作用力的不同，脚的特定部位在此时才会被清晰地区分为脚内侧、外侧、脚趾和脚跟等。这是探寻一种运用身体的全新方式。越常以这种方式运用身体，身体就越灵活，在移动中产生的摩擦力越小，最终使你在踢球和控球中达到最优化的能量和效率转换。对于一个熟练掌握这些技巧的成熟的球员来说，他踢出的球的距离和速度，与球场的大小、比例以及场上队员的数量之间形成了完美的平衡。在这种平衡中，穿透防守方的层层阻碍，带球射门，在绿茵场上显得游刃有余。面对球员如此精湛和优雅的表演，没有人还会对最初的设定提出疑义，提出"你们为什么不用手呢？"之类的问题。

　　如果可以将足球规则和场地分别对应建筑的使用和平面，那么人们的日常活动对于建筑来说，就如同球员场上的表现对于足球一样。当然，两者在很多方面是不尽相同的；在运动中，每次表演都是独一无二的，它只发生一次。而在建筑中，相似的活动每天都在重复。然而，如果考虑到它们的内在属性都具有时间性，那么两者之间的类比仍然能够成立。进一步地比较，甚至可以说，nLDK模式①的住房和标准化的教学楼都是"场地"，为家庭和学校这样的社会组织以及这些组织的成员们提供行为重复发生的场地。无论是在运动场上或是生活中，我们不可能总是表现得很好，但可以通过反复练习和训练达到精湛的水平。然而，时代变迁引起的社会变化影响到家庭和学校，场地（平面）则需要随之不断更新。也许是这种观点促使我们研究使用和平面布局之间的关系，最终在两者之间找到一种完美的平衡，去建造可回应人的行为的建筑。它也许还会帮助我们学习如何创造性地利用现有的城市建筑和环境。然后，我们可以重新思考趋向于视觉艺术（比如雕塑和绘画）的20世纪建筑，将其推向更具有时间性的艺术（比如戏剧和音乐）。这种建筑表达或许会成为21世纪建筑最可能的发展趋势之一。

① nLDK模式= X个起居室+Y个卧室+Z个厨房的组合，X、Y、Z为任意自然数

スポーツのコート

小さい頃からいろいろな球技に触れる機会はあったが、建築を学び始めてから、コートが実はスポーツの平面図であることに気がついた。コートはルールのなかで定義された標準平面であり、厳密に言えばそのなかでしかボールゲームのルールは作動しない。しかし、子どもの頃は正規のコートでゲームをすることのほうが珍しかったから、適当な場所をみつけてはサッカーや野球をしていた。そのとき場所の特徴や欠陥にあわせて、ローカル・ルールをつくるのだが、じつはこの部分がおもしろくて、いろいろ試しながらああでもないこうでもないと仲間と議論して、しまいには自分たちだけのスポーツをつくりあげることもあった。

そのなかでも小学4年生の時のクラスの男子が熱中していたキックベースは、いまでもその興奮を思い出すほど秀逸だった。場所は平行配置の2階建ての木造校舎にはさまれた中庭で、左側を渡り廊下、右側を松に覆われた土塁で区切られたその「コート」は、たぶん幅が16mぐらいだったはずだ。校舎や渡り廊下によって囲まれたその狭さが、声をよく響かせたり、窓から眺める人を観客に変えたりして、いま考えてみれば都市的な臨場感を醸し出していたのだと思う。まさか小学生が「都市的」なんて思うはずもないが、何度かその場所が上級生に奪われて、校庭のほうでやらざるをえなくなったときの、広すぎて何か噛みあわないつまらなさはよく記憶している。キックベースのローカル・ルールが、あの中庭を前提につくられたことを考えれば当然かもしれない。そのローカル・ルールというのは、校舎の窓ガラスを割らないために、ボールをサッカーボールではなく小さくて軽いビニボールとすること、塁間が短いのでランナーにボールをぶつけたらアウトとすること、左翼にある校舎の軒を超えて屋根にボールが達すれ

ばホームランとすることの3つ。ピッチャーが投げたボールをバット代わりに足で蹴り返すので意外に難しいことも向上心を刺激したし、ときどき自分たちでも驚くようなスピード感に溢れるプレーが飛びだすのも楽しくてならなかった。学校内でこの「中庭式」のキックベースをやっているのは自分たちだけというのも誇らしかった。結構思い切り蹴ったライナー球が当たっても、窓ガラスが割れたことは一度もなかったし、ホームランもそれほど出なかったから、まだ力のない小学4年生にはちょうどよいバランスだったのだろう。毎日昼休みと放課後の2度、白熱したゲームを飽きることなく繰り広げていた。この「中庭キックベース」は、学年が変わり、クラスも校舎も変わって自然消滅したが、このときの、場所の特徴を利用してルールを修正し、結果として独特のパフォーマンスを生みだす快感は、ずっと自分の深いところに残っている。

このルールとコートとパフォーマンスの響きあいが、スポーツがもつ誰もがうっとりとしてしまう夢のような空間の核心である。この空間は、そしてその夢のオーラは、それぞれのスポーツが特殊な仮説によって成り立っていることを忘れさせてくれる。たとえばサッカーの「手を使わないで球を相手ゴールまで運ぶとしたら」という仮説は、宇宙人から見ればなんとも不可思議な振る舞いに見えるに違いない。「ナゼテヲツカワナイノカ？」という質問があってもおかしくはない。さらにこの仮説はボールを蹴るという独特の負荷を足にかける。この負荷に対する反発力の違いによって、ひと塊でしかなかった足は、インサイド、アウトサイド、トゥ、ヒール、足の裏へと分節される。それは新しい体の使い方の発見であり、繰り返し訓練されることで身体の使い方としてのノイズが縮減され、エネルギーをもっとも効率的に集約し、制御できるフォームに収斂する。このフォームで成人が蹴ったときに球に与えられる飛距離や速度は、サッカーコートのあのサイズ、プロポーション、そして11人の選手数と、じつに見事に均衡している。その均衡のなかで、パスがつながりシュートへといたる

攻撃の筋道が、そしてこれを阻止しようとする防御の連携が、芝生の上に現われては消え、また現われる。そうしたパフォーマンスが目を見張る華麗さを伴っている限りにおいて、「ナゼテヲツカワナイノカ？」というそもそもの仮説に対する疑問は無効となるのである。

このスポーツにおけるルールとコートを、建築における使い方と平面図に読み替えると、スポーツにおけるパフォーマンスに対応するのは、建築における日々の振る舞いということになるだろうか。スポーツではすべてのパフォーマンスが新鮮な一回性のもとにコントロールされ、建築では毎日ほぼ同じ振る舞いが再生産されるという違いはあるものの、どちらも時間を含んで生起することであるから、このアナロジーはあながち間違ってはいないと思われる。さらにアナロジーを続ければ、nLDKの住宅、標準設計の校舎などは、家族や学校という社会組織とそこでの個々人の振る舞いを再生産する「コート」と言えなくもない。確かに、スポーツのパフォーマンスも毎日の振る舞いも、うまくいくときといかないときがあるが、繰り返し繰り返し、実践を通して訓練することによって、洗練された姿に達することはできる。ただ問題は各時代の社会の変化は家族や学校のあり方も変えてしまうので、そのローカル・ルールにあわせてコート＝平面を変えていかなくてはいけないところだ。この観点から使い方と平面を吟味し、相互に調整することによって振る舞いと「響き合う」建築をつくること。あるいは既存の都市環境や建築を創造的に使いこなすこと。そうやって彫刻や絵画などの視覚芸術へと接近した20世紀の建築を相対化し、演劇や音楽などの時間芸術のほうへ振り戻すのも、21世紀の建築表現の大いなる可能性であろう。

六本木交叉口

在2002年日韩世界杯上，日本战胜突尼斯，在历史上首次小组出线。那场比赛结束后不久，成千上万的群众蜂拥到东京主要的闹市区庆祝胜利，突然间仿佛成了自发的节日。但是，东京没有像伦敦的特拉法加广场或者巴黎的巴士底广场一样的公共广场，以供人群聚集，因此人们在街上走来走去，不时因红灯而滞留在人行道上。六本木正是挤满了大群支持者的闹市区之一。在六本木的交叉口，我们观察到，阻断人群流动的红绿灯制造了出人意料的景象。当红灯亮起时，人群的流动被阻断而造成拥堵，另一波人随后加入其中；此时，人行道两边的人群密度几乎与山手线站台早晚高峰时的密度一样大。被迫停下来的失望的支持者，自然开始像在球场里一样大喊"日本，日本，日本！"。当绿灯亮起时，一波又一波的人群从街道两侧涌入，过街的人们迎面相遇。当他们彼此擦肩而过时，即便是陌生人，大多都会高举手臂击掌相庆。击掌庆祝，作为一种集体行为，集体愉悦的表达，在混乱的街道场景中自然而然且毫无准备地就发生了。

警察试图用黄带和口哨控制人群的流动，而在他们加入之后，这场集体行为越来越像一场色彩斑斓的舞台表演。当绿灯开始闪烁时，警察就开始一边吹口哨，一边在过街人行道和车行道之间用黄带拉起界线。斑马线中间的中央停留岛上也挤满了行人。卷裹在车流中的摩托车队开始加速引擎，发出"哧，哧"的

嘶吼声。对此，警察用哨声示意他们快点离开，但是，即便是他们的哨声，听上去也像是节日里的音乐。中央停留岛上的人群发出阵阵笑声，将节日的气氛推向更高潮。随着绿灯亮起，他们开始击掌相庆。

红绿灯跟往常一样跳动，那么这情景是怎么发生的呢？首先，六本木街上的行人不是平时的行人，他们在庆祝的时刻相遇，都沉浸在战胜突尼斯的兴奋之中。红绿灯时而阻止人流，时而放行，如同操控人们是否相遇。因此，红灯阻止人群前进，事实上是将正在分享胜利喜悦的人们分开。这有效地使人们进入暂缓庆祝的状态，而绿灯又使他们在街道中间重聚。像这样，人们

在街上彼此相遇时就成了重聚的时刻。因此，当他们重聚时自然就会击掌相庆。这一行为难以归结到某一个动因，相反，它源自与环境一体的集体智慧。也许，这就是那么多人能够认同并且加入这一行为的原因。

　　每当我们思考集体智慧时，我们常常会想到随处可见的汽车。它受引擎的牵引，总是向前行。然而个人意志无法阻止引擎的牵引，只有那些非常了解它的人才能以某种方式操控它。将之用于解读六本木交叉口的现象，原本用来控制交通的红绿灯，它所创造的节奏相当于引擎，它可分开或者重聚欢乐的人群。能理解这个引擎是如何推动快乐走向高潮的人（也就是说，它是如何

运作的），就会明白在重聚一刻引擎会充分运作，同时判断出快乐爆发的时刻。此时，他或她变成了设计者，能预测引擎将会带来什么现象，以及这一现象未来发展的状况。

六本木交叉口的事件给予我们许多启示。如果把它当作是流动控制的问题，我们研究的将是"流动管理"。如果把它当作是依据当地的状况来评估人的活动与事物之间的关系时，那么我们思考的是"微观公共空间"。流动管理是介入城市、建筑和气候领域的事物。它是我们设计大尺度建筑物，特别是从事城镇设计的出发点之一。微观公共空间涉及身体行为与物质环境之间的相互作用。我们总是会从这一角度去思考家具设计、艺术展中装置

作品的创作，以及组织公共事件或是空间。在处理不同的事物时，两者都试图通过不断重复的行为去理解事物的内在趋势，为特定的目的重新组织它们的运作。基于这些概念，我们在寻找一种方式，能成为环境或者习惯性行为的一部分，同时它不是某个单一因素的产物。现在危险的是建筑以批判性眼光看待环境与集体智慧的能力。

六本木交差点

2002年の日韓共催サッカー・ワールド・カップにおいて、日本代表はチュニジア代表を破って初の決勝トーナメント進出を確実にした。その直後、人々は喜びを爆発させるために街に繰り出し、東京のめぼしい繁華街は人々で溢れかえって、まるでお祭りのような盛り上がりを見せていた。でも東京にはロンドンのトラファルガー・スクエアやパリのバスティーユ広場のような広場がないので、人々は歩道を行ったり来たりするしかなく、信号が変わるたびに横断歩道の手前で足止めを食っていた。六本木交差点も例にもれず、多くの人でごったがえしていたが、信号がつくりだすインターヴァルが思いがけない現象を生みだすことになる。横断歩道の信号が赤になり人の流れが堰止められると、後から押し掛ける歩行者によって人口密度はラッシュアワーの山手線並みに高くなり、暇をもてあそぶサポーターたちのあいだから「ニッポン、ニッポン」の連呼が自然に沸き起こる。信号が青になると今度は堰を切ったように人が流れ出して横断歩道の中央で波のようにぶつかりあい、浸透しあい、反対側の歩道へと抜けていく。しかもすれ違いざまに、見ず知らずの人とハイファイヴ（頭の上に掲げた手を正面から来る相手の手と叩き合わせること）をしていくのだ。誰が始めたのかわからないが、集団としての振る舞いのかたちが、喜びの表現として、混沌のなかから突然街に姿を現わしたのだった。

さらにこの群衆の振る舞いは、その動きをコントロールしようとする警察の黄色いリボンとホイッスルによって、ますます華やかなパフォーマンスとして演出されていた。青信号が点滅し始めると、警察官たちが一斉にホイッスルを吹きながら、歩道と車道のあいだに黄色いリボンの境界をつくる。中央分離帯になっている横断歩道のなかの島も人で溢れんばかりだ。

すると車道側の自動車の流れに混じって、暴走族がバイクで参上し、「ブンブンブブブン、ブブブブンブブン」とエンジンを空吹かしする。警官は早く去れとまたホイッスルを吹くのだが、それはもう祭り囃子のようにしか聞こえないのだ。堰止められている人々は大笑いし、さらに気勢を上げ、そして信号が青になり、また行き交う人々のハイファイヴがはじまる。

信号の仕組みは普段と変わらないのに、どうしてこんな現象が起こるのだろうか？　まず歩行者が普段と全然違う。この街を歩き回る群衆は、日本代表の勝利に酔い、これを祝福する気持ちでつながっている。だから歩行者の流れを切断したり接続したりすることは、群衆のつながりを制御することと同義になってくる。そうなると信号で流れを堰止められている状態は、喜びを共有する人々が引き裂かれている、つまり喜ぶことを禁じられているような状態であり、信号が青に変わって横断歩道で対向する歩行者とすれ違う瞬間は、再会の瞬間ということになる。そう考えるとこの再会の瞬間を祝福するために、ハイファイヴが始められたのはきわめて自然な、そして知的なことに思えてくるのである。そのパフォーマンスが誰のものにも還元できない、環境に組み込まれた集合的な知性といえる領域に達しているからこそ、人々はこれに共感し参加したのではないだろうか。

集合的知性のことを考えると、いつも誰が乗ってもよい乗り物を想像してしまう。その乗り物は、それ独自のエンジンを持って前へ前へと進んでいる。その推進力は、個人の意図では止められないのだけれど、その行き先はエンジンの特徴をよく理解することによってある程度操縦することができる。六本木交差点で起こったことをこれにあてはめると、本来は交通を制御するための信号機のリズムは、喜びを共有していた人々を引き離し、繋げるエンジンである。これによって喜びのテンションが高められること（特徴）に気づいた人々が、その実践としてすれ違う瞬間を、喜びを爆発

させる場面として位置づけた。それはこのエンジンが生み出す現象の行き先をデザインした、ということになろう。

この六本木交差点の現象は非常に示唆に富んでいる。これを流れるものの取り扱いの問題としてみれば「フラックス・マネジメント」への展開があり、ある場所の習慣のなかにある人の姿勢とモノの再配置の問題としてみれば、「マイクロ・パブリック・スペース」への展開がある。前者は都市、建築、気候を横断する形態の問題として、われわれが建築や特に都市規模の計画をするときにいつもきっかけにする考え方である。後者は身体の振る舞いと、物理的環境のインタラクションの問題として、家具のデザイン、美術展でのインスタレーション、イヴェントの創出ならびに公共空間の計画をするときに意識していることである。トレースする対象は違うけれど、いずれにおいても、そこで繰り返される振る舞いから、その対象が内在する傾向性を把握し、そのパフォーマンスをある目的に向けて組織しなおそうとしている。そうすることによって、環境や習慣といった個には還元できない領域に、どうやったら個として関与していけるのかということを模索している。そこでは、環境に埋め込まれた知性や、集団的知性に対して、建築はどこまで批評的な知性たりうるかが問われているのである。

寄居者

"那是在冬天，更确切地说是十一月末，我看到一只未成年的小猫在我家附近游荡。想到迷路的小猫在寒夜里被冻得瑟瑟发抖，我感到很困扰，又安慰自己说它可能会在某个住屋下找到了藏身之所，也许正好就在因壁炉的热度而留有余温的地板下面。实际上我去找过是否住屋楼板下有空间可供猫藏身，但是附近没有一家有类似的空间。"

——保坂和志，"东京画"，《来自人的临界》

从猫的视角去观察，"我"发觉附近的房子都没有缘下空间。以猫的习性去观察建筑，想象力就能无限延伸，从想象着地板下藏着什么，到热量是怎样从散热器传及地板的。这些感知到的空间是依据对猫的习性的理解而想象出来的，并且是经过调整的。尽管没有方法去证实那些场景确实是猫所感知到的空间，但这也不意味着我们能否认猫和人对于空间的感知具有共性。说到底，人与人之间也存在同样情况，而建筑设计是不可能摆脱先验假定的。如果这是事实，那就相信它是真的，并尽情去拓展我们的想象，这是件更令人愉悦的事。

像前文摘录所提及的，楼板下的架空空间，那个被想象成猫居住的地方，原本是为防潮使建筑耐久而设计的，同时也为楼上创造了舒适的环境。然而，这个空间是房屋建造过程中产生的空

间副产品，因为从严格意义上来说它不是为了人的居住而设计的。出人意料的是，许多人们不使用的地方都成了动物的家。像用天然材料建造的旧式乡村茅草屋之类的构筑物是众多生物的堡垒，除了用于蓄养马和蚕之外，它们还是小昆虫和爬行动物的天然栖息地。由于这些房子也是进行生产活动的场所，居住者也就成了更大生产链的一部分。另一方面，用先进防火抗震技术建造的战后城郊住宅，它用人工材料替代自然材料，将生产性的空间移出住宅。这也促使住宅的改良只是单纯地为所谓核心家庭的一小群人而服务。换而言之，住宅也失去了接受家庭以外成员的宽容度。与此同时，人类也失去了机会去聆听与之共存的其他生物的固有节奏。

尽管住宅在建造时主要是为居住者考虑的，但随着时间流逝，更易想到在架空的楼板下或许开始有小猫栖居。这就意味着住宅有了两个主要成员，猫和居住者。只要双方互不直接影响对方，人是住宅的主人，而猫是寄居者，这种关系就始终处于稳定状态。即使是在空间分配上，也是居住者占据了住宅的绝大部分，人的舒适性能通过明确的功能计划得到优先考虑。然而，当居住者与另一主体产生直接关联，并且这种关联对个体或者群体的生存基础造成重大影响时，那么主人与寄居者的等级关系就开始动摇了。最终，空间的分配和定义将会偏离既定的约定。比如说，有人以家里养许多猫作为他生存的意义。若是楼板下的空间非常宽敞，而人居住的空间相对较小，这将会是怎样的状况呢？在这种情形下，我们会清楚地意识到这个住宅出现了明显的等级

关系的倒置，猫成为主人，而人才是寄居者。

在创作过程中，一旦想象力被激发，人是空间主体这一前提似乎就失去了它的有效性。时代需要我们重新评估（或者说是释放）某种潜在的主体X，并以此为新的空间理论奠定基础，这种情形就如同我们追溯最初建造房屋的根本原因一样。我们用"释放"一词，是因为它能使创造的过程摆脱"任何空间都是以人为主体"这一概念的约束。只有这样才有可能根据主体X的存在和权益对空间进行重新配置。或许，这将产生仅因存在就会愉悦的空间。

那么，如何来取悦主体X呢？如果是生物，就必须为保护其生命安全而提供必要条件。而若是无生命体，那么就必须为更高效地维持其存在而提供必要条件。这些限定将有效地激发个体特有的自发周期性"行为"。进一步延伸这一概念，从属于某物的空间，即使不是特意为人而设计的空间，也可被重新描述为具有"家"的特征。例如，书的家就是图书馆，冰的家是溜冰场，女神的家是神庙。看似有悖常理，而这纯粹是因为人不居住在那儿。

在此需要强调的是，"行为"是具有重复的周期和独特的节奏的，因为它近似于潜意识行为。尽管可以以天为周期去观察与建筑相关的热量、光和风能的运行模式，以天为周期去观察人的行为，而社会行为需要一周，集体行为则需要一年。但理解城市文脉环境中的事物，诸如建筑，则需要30～50年的时间。通过叠加这些不同的节奏，一种划时代的空间形式便随之出现。

最后，请允许我介绍几个住宅，是它们激发了"人类作为寄居者的住宅"这一观念。"杂草的家"是个改造项目，对象是面临拆除的民宅。在一所多年无人居住的住宅内，引进野生的植物来代替人。由于植物需要阳光、水分和土壤才能存活，所以我们揭开楼板露出泥土，移除屋顶将充足的阳光和雨水引入屋内。之后从城外移植来了一些野生植物。"小马花园"是一个度假住宅，委托人在退休之后将跟匹小马驹一起生活。首先，我们为小马准备了一片很大的围场，然后才在其中的一角设计了个平面为三角形的，类似于棚子的小宅子。与其说这个项目是个小住宅，不如说它首先是为小马驹设计的花园，人是被容许借住在其中的。为了和小马驹生活在一起，委托人得花大量的时间照顾它，而且不得不减少旅行时间。无论如何，这里需要把时间和空间奉献给它。"生岛图书馆"事实上是个五口之家，其中包括一对作家夫妇。我们结合了"书的家"和"人的家"的概念来处理大量的藏书。相比一个随着小孩子成长、离开而容易变动的家庭，书本比人类的寿命更长，而且它呈现出的时间性超越了一个人所熟知的。结果，书的空间协调了不同时间段，给予这个住宅以稳定、安详之感，它不会因即将发生的家庭结构变化而受影响。

在"人类作为寄居者的住宅"中，人类将空间交给主体X，反过来人也可以占用这一空间，因此居住空间接受了两个主人。此时，住宅便从现实的束缚中解脱出来，在自治的诗意世界中得以轻松的存在。

居候

「冬といっても十一月の終わり頃だったと思うが、比較的小さなおとなに
なりきっていない猫がそのあたりにいるのを見つけたことがあって、ぼく
は人に飼われていない猫が冬の寒い晩にどうやって寒さをしのぐのか気に
なって、どこか家の下にでも潜り込んでたとえば炬燵のぬくもりが伝わる
床の真下にでもいるのだろうかというようなことを考えて猫が入り込めそ
うな縁の下とか床下の隙間がありそうな家をさがしてみたらすぐそばにあ
った家に縁の下がなかった。」
──保坂和志「東京画」（『この人の閾（いき）』）

「ぼく」は猫の気持ちになって近所の建物を見ているうちに、縁の下がな
いという特徴に気づいてしまう。猫の習性を通じて建物を点検するうち
に、床の下や、炬燵から床を通して伝わる熱といったものにまで想像は広
がってしまう。そこで知覚される空間は、猫の習性への理解を通して調整
された、想像的なものである。それが猫の知覚する空間がわかることにな
るのかどうかは確めようもないが、だからといって猫と人間のあいだで空
間の近くが共有されることを否定できるわけではない。それはつきつめれ
ば人間同士だって同じことなわけで、そこを信じられない限り、建築の設
計をすることはできない。ならば、わかると信じて想像を広げたほうが楽
しい。

冒頭に引用文のなかで猫の居場所として想像された床下は、建物を湿気か
ら守り、建物を長持ちさせ、床の上をより快適にするために考案されたも
のであるが、そこに人間が住むわけではないので、家を建てる場合に発生
する副産物の空間ということもできる。こういう人間に直接占有されるこ

とのない場所が、家のなかには案外あって、人間以外の何ものかの住処に
なっていたりする。自然素材でつくられた藁葺きの古い農家などは、小さ
な昆虫や爬虫類にとっての生存環境であったし、馬や蚕など人間に招き入
れられたものも加えると、なかなか壮大な生物多様性の館であった。また
生産の場所でもあったから、生産の流れの一翼を担う構成員として人間も
位置づけられていた。それに対して防火性能や耐震性能を発達させた戦後
の郊外住宅は、自然素材を人工素材に置き換え、生産の場所を外に追い出
して、家族という人間の小集団のために純化していく筋道をたどった。家
が家族以外の他者を許容する寛容さを失ったのである。それと同時に人間
とともにある他者のリズムに耳を傾ける機会が奪われた。

つくられるときは人間が主体に据えられていた家であっても、使われてい
るうちに床下に猫が住むということはありえるわけで、その意味でそうい
う家には人間と猫という2つの主体がいることになる。この2つの主体が
直接かかわりあわないうちは、家の主は人間で、猫はその居候という関係
は安定していて、その空間は量からみても人間部分が圧倒的に大きい分配
を受けているし、定義においても人間の都合が優先されている。しかし、
人間とそれ以外の主体が直接関わり、その個人や集団の存在理由に大きな
影響を及ぼす場合は、主人と居候というヒエラルキーが揺らぎ始め、空間
の分配も、定義も標準的なところから逸脱しはじめる。かりに、多くの猫
の世話をすることに、自らの存在理由を見出しているような人がいるとし
て、その人の家が、猫のいる床下が大きくて、人間のいる床上のほうがず
っと小さかったらどうだろう。その場合は猫が主人で人間が居候という立
場の転倒を認めてしまったほうが、その家のあり方を正確にとらえること
になるのではないか。

こうした想像力がひとたび開かれてしまうと、創作においてもただ人間の
みが空間の主体であるという前提は効力を失う。なぜその建物がつくられ

るのかというそもそもの理由に立ち返って、空間を定義する際に依拠すべき可能な主体Xを見極める必要、というか自由が出てくるのである。なぜ自由かというと、それは空間を領有する主体が人間であること以外認められないという制約から創作を解放するからである。そして主体Xの都合を優先した、それが主役になるような空間の再配置が可能になる。何かが喜んでいる空間は、そこに一緒にいるだけでデライトフルだからである。

どうやって主体Xを心地よく喜ばせるか？　まずそれが生物ならばその生命をよりよく維持するための基本的な条件を整え、無生物ならばその存在をよりよく維持するための基本的な条件を整え、無生物ならばその存在をよりよく持続する条件を整えることで、そこに繰り返し現われる各主体に固有の「振る舞い」を十分に引き出すことである。ここからさらにこの概念を拡張すると、何かに捧げられた空間というのは、一意的には人間のためのものではなくても、「家」としての資質を備えるという方向に論を展開することもできる。図書館は本の家、スケートリンクは氷の家、神殿は人に住まわれないことによって逆説的に神の家になるのである。

ここで注目したいのは「振る舞い」は無意識のパフォーマンスに近いものだから、それが繰り返される周期、すなわち固有のリズムを持つところである。建物における熱や光や風の振る舞いは1日で観測することができる。人間の日々の振る舞いは1日、社会的な振る舞いは1週間、共同体的な振る舞いは1年間で観察することができるが、都市における建築の振る舞いのように、30年や50年のスパンがないと見えてこないものもある。こうした異なるリズムの重ね合わせから、時代を画する空間の型が生まれてくる。

最後にわれわれが「人間が居候する家」を枠組みとして意識するきっかけとなった家をいくつか紹介しよう。

《植物の家》は、取り壊し間近の民家のリノベーション。数年間誰もよりつかなかった家に、人間ではなく雑草を住人として招き入れた。植物には太陽の光と水と土が必要だ。床をはずして土を露出させ、屋根をはずして太陽と雨が家のなかに降り注ぐようにしたうえで、町はずれの原っぱから雑草を移植した。

《ポニー・ガーデン》は、定年後にポニーとともに住むことを目ざすある女性のための別荘。まずはポニー用に大きなパドックを庭に用意し、そのひとつの角に三角形平面の納屋のような家を建てた。小さな家というよりは、人間も住めるポニーの庭だ。ポニーと一緒に住みはじめたら世話がたいへんだし、旅行もできなくなるだろう。しかしそうしたポニーに捧げられる時間と空間こそが求められていた。

《生島文庫》は、夫婦ともにライターの5人家族の家。多くの蔵書を処理するために、「本の家」と「人の家」を組み合わせた。子どもが成長しやがて独立してしまう家族は、変化の大きいもの。それに対して本は人間より長生きで、一個人の生活感覚を超えた時間を内蔵している。一堂に会する本に捧げられたその空間は、家族構成の変化に左右されない、安定感と静けさをこの家に与えている。

「人間が居候する家」では、人間は主体Xのために空間を捧げ、そしてその空間はそこに住む人間を招き入れるという意味で、二重の寛容さを家の空間にもたらす。家は現実のしがらみから解放され、詩的世界での自律性を軽やかに生き始める。

换乘

　　火车站里的楼梯令我们十分着迷，尤其是在线路立体交错的站内换乘时，看到的或是经过的楼梯显得尤为特别。

　　比如在更新之前的老自由丘站内，站在开往横滨的东横线站台上，向下望向开往世田谷方向的大井町线站台时，就会有这种特别的感受。东横线站台的楼梯平缓向下。沿着楼梯下行，顺着某个方向你会突然看到像地下井道似的大井町线站台。我们非常喜欢这些铁路线，它们枝杈般分离，而又最终突然汇聚，这让我们能够生动地感受到换乘是件非常令人兴奋的事情。

　　在下北泽站，我们很享受从京王井之头线到小田急线的换乘过程。当沿着位于京王井之头线和小田急线之间的通道向下走时，你可以俯看到小田急线站台。另外一个例子是西国分寺站，从中央线到武藏野线的换乘。在这，你看到的是高2.5米、宽约20米的大台阶，就像罗马或是其他地方的广场台阶一样宏伟。2.5米的高度是恰当的，而且看起来很亲切，不像是堵高耸的墙，人们在爬楼梯时仍能撇见上层的楼面。在过去的旗之台站，要在池上线和大井町线之间换乘，就不得不走过一个地下人行通道，通道的两端头各接着一堵高墙和楼梯。伴随着透过屋顶撒在楼梯上的阳光，人们拾级而上。戏剧性的空间组织使人想起木构的巴洛克建筑。

这些站内的楼梯之所以令人难忘有两个主要原因。一是没有家具和陈设，空间形式被清晰地展示出来。二是，持续不断的人流和定时进出站的列车，赋予楼梯以丰富的表情变化。我们既可参与其中体验它，也可像旁观者一样观察它。我们认为这是开放给众人、可汇聚来自四面八方人流的公共空间。也许我们正在观察的场景正是当代公共空间最精彩的表演。

有没有可能将火车站楼梯的这种动态空间特性应用于其他建筑中呢？当然，许多建筑都有楼梯，也有可能设计出多个楼梯从各个方向汇聚于一点的空间布局。但是问题在于，这些空间布局是否具有"换乘"所带来的影响和兴奋感。看上去有点奇怪的是，动态的空间只局限于具有转换功能的空间，而从不是传统建

筑的一部分。通常认为，要在城市里逛逛或是换乘就需要一些交通工具来完成，即所谓的"通过交通工具实现人类空间转移"。然而，如果我们撇开换乘是空间转移的概念，而是从时间性去思考换乘，那么就会发现它随处都在发生。假设你去A车站搭乘N号线，之后到达B站换乘开往C站的M号线。通常，你会认为在A车站，乘上N号线或者说进入N号线的空间，转换就已经发生了。这一系列换乘可以描述为，A车站—N号线—B车站—M号线—C车站，"—"代表一次转换。进一步假设，你从C车站步行去图书馆，在那儿度过3个小时。既然你没有离开图书馆，就不会认为图书馆是一个转换点。但请记住，空间转移的条件已经被剔除在我们的假想实验之外了。反过来，如果我们专注于既定空间的时间性，那么图书馆完全可以作为转换点。也就是说，充满大量书籍

的图书馆具有自身特有的时间性（在场感）和节奏，在本质上不同于车站和住宅。如果你在那儿一直待到日落，这种转换的感觉会加深。在这种情况中，图书馆将你从白天转移到了黑夜。

以这种方式将转换重新理解为时间的问题，转换和非转换之间的界限就会模糊。因此，我们将会得出这样的结论，我们的生活本身是由连续不断的转换组成的。这一顿悟可以为空间设计是建筑时间性的表现这种理念提供基础。换句话说，有可能将一个大建筑重新定义为是由一组局部空间组成，以此作为多种时间转

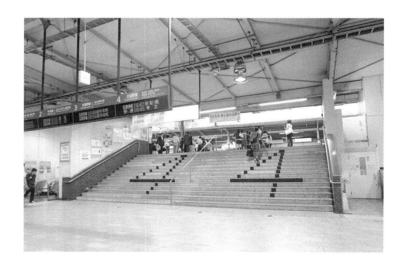

换的载体。

"站内商城"，主要车站的商业设施，它精确地解读了换乘概念，不仅是指空间移动，还将其引申为具有质变的时间转换。它将与购物相关的，不同的时间性引入到交通设施——一个原本不提倡行人停留的纯粹的空间中。进一步审视我们会发现，购物也包含着从这家店到另一家的转换，而且它与公共交通结合地十分自然。当然，这听起来太美妙了以至于显得不真实。也许除了我们其他人也会认为这想法有点绕。

乗り換え

駅の階段に強く惹かれる。特に複数の路線が立体交差している駅の、乗り換えのときに見えたり通ったりする階段に惹かれる。

たとえば、いまは改築されてしまった自由が丘駅の横浜方面に行く東横線のホームから、二子玉川行きの大井町線のホームを見下ろした感じ。東横線側では自分の体の軸に沿って真直ぐにホームが伸び、階段もそれに沿ってサーッと下りていく。そこにまるで地下水脈のように斜めに大井町線のホームが現われる。線が分岐しては不意に出会うというこの感じをすごく気に入っていたのだ。乗り換えるという行為がものすごくスリリングなこととして感知される。

下北沢駅の井の頭線のホームから小田急線のホームのほうへ移動する途中もおもしろい。上を通る井の頭線と下を通る小田急線の中間レヴェルにある通路を、小田急線のプラットフォームを見下ろしながらしばらく歩くことができる。それから西国分寺駅の、中央線から武蔵野線に乗り換えに使う幅約20mで段差2.5mの階段などは、まるでローマかどこかの広場の階段のような寛容さである。2.5mほどの段差というのは絶妙で、これから登っていく場所の床面がすぐに見え始めるので、壁のように屹立した印象にならず、フレンドリーである。また、旧旗の台駅には、池上線から大井町線への乗り換えのために地下道を進むとつきあたりに大きな壁があり、屋根からの光が燦々と降り注ぐなかを両側の階段で上がっていく、木造のバロック建築のような劇的な空間構成があった。

駅の階段が非常に印象に残るのは、そこに家具や什器がないので空間の形

がはっきりしており、つねに人の流れがあり、電車の間欠的な到着に合わせて様態が劇的に変化することに加えて、流れの一部となってその内側から経験することも、流れの外から観察することもできるからではないだろうか。別の方角から来た人々が交錯する、誰でもがアクセスできる空間に、今日的な公共空間としての最も鮮やかなパフォーマンスを見ているのであろう。

そのダイナミックな空間のあり方を、ほかの建築のなかで位置づけることはできないのだろうか。もちろんいろいろな建物に階段はあるわけだから、複数の階段が多方向から集まってくるような空間構成ができないわけではない。しかし問題はその空間構成が「乗り換え」のスリルや切実さを伴っているかどうかである。不思議なのは、乗り換え空間のような捉え方は交通の空間にだけ用いられていて、普通の建築のなかにまでは入ってこないということだ。都市内の移動や乗り換えというのは、普通は鉄道やバス等の交通の空間すなわち「乗り物にアシストされた人間の空間的な位置換え」にだけあてはまると考えられている。しかし、乗り換えの問題から、空間の位置換えという条件をはずして、時間のほうから捉えると、乗り換えはいたるところで起こっていることになる。たとえば家からA駅まで歩いてN線に乗ってB駅でM線に乗り換えてC駅で降りるとする。普通はB駅にだけ乗り換えという概念はあてはまるけれども、よく見るとA駅からN線に乗った段階で、すでにN線の空間に乗り換えたと言うこともできる。つまり、A駅→N線→B駅→M線→C駅と書いた「→」はすべて乗り換えである。さらにC駅から歩いて図書館に行って、そこで3時間過ごしたとする。図書館は移動しないから普通は乗り換えとは言わないが、空間の位置換えの条件をはずし、その空間における時間の質に注目するならどうだろう。大量の本に囲まれた図書館は、駅や住宅とは全然違うリズムや時間の質を持ちうるから、それは十分に乗り換えと言えるのではないだろうか。図書館にいるあいだに、日が暮れてしまったりしたら、この感覚はいっそう強まるだ

ろう。つまり図書館に乗って昼から夜に行ったことになるのだ。

このように乗り換えを、時間の問題だと捉え直すと、どこまでが乗り換えの問題なのかがわからなくなって、結局はわれわれの生活自体が、たえまない乗り換えの繰り返しだということになる。そして一つひとつの空間を設計する根拠として、その建物が持ちうる時間的側面が大きな意味を持つようになるだろう。あるいはひとつの大きな建物を複数の時間的乗り物という部分空間の乗り換えによって定義し直すこともできるだろう。

「エキナカ」と呼ばれる駅構内の商業施設は、まさにこの乗り換えという概念を、空間的な移動だけでなく、時間的な質の変化にも拡張したものと読める。つまり、滞留を目的としない純粋な交通空間である乗り換え駅に、買い物という別の時間を挿入しているのだ。買い物も仔細に見れば、小さな商店から商店への乗り換えだから、なおのこと相性がいい。でもちょっとうまくやりすぎで、ずるいなあと感じているのはわれわれだけだろうか。

夹具

夹具在词典中被定义为"加工过程中的一种辅助工具，用于将切割机或者其他工具引至物体的准确位置"。例如，在切割木头、焊接金属或者给瓷器上色时，夹具有助于将锯子、焊接工具或是画笔等工具与材料之间的夹角调整到最精确，或者与之保持特定的距离。当把夹具与其他工具和材料置于特定的场合时，它才能发挥作用；一旦抽离，它就成了一个形状奇怪的东西。而且即便夹具各个形状独特，却很少有独特的名字来区分彼此。作坊中的手工木夹具总是令人困惑不已，尤其是那些木工间或者陶艺室的，因为我们完全猜不出它们的用途，即便它们的触感跟我们日常生活中所见的其他工具差不多。

像锯子和画笔之类的工具是通用的，在哪儿它们的功用都一样。夹具却是特殊的，只有当把它与其他工具置于特定的关系时它才能发挥作用。就好像，一些动物一旦被迫离开它们自然的栖息地就会死去，夹具一旦脱离环境就会立刻失去意义。也许，夹具与以环境为依托的生物秩序有共鸣之处，这与生态学相关。

如果将夹具的概念引申到一切能够暂时将人锚固在一段稳定关系中的事物，我们就会发现很多"夹具"充斥在我们的行为中。例如，当人坐在桌子旁开会或是吃饭时，桌子和椅子就充当了"夹具"，为面对面讨论或是进餐而服务。如果"夹具"坏

了，也许他们就无法集中精力开会或是享用美食了。换言之，通过桌椅的布置，人的姿势和行为可以理解为人与人之间交流的问题。

现在，让我们考虑下如何布置桌椅。如果我们打算把它们放在能看到最佳景观的地方，这将有利于改善我们的生活品质。如果在那儿可以欣赏日出或是日落，那么早餐或者晚餐时光就会变得十分特别。这些是可以通过设定进餐这个动作而得以实现的，它不仅在室内发生，还可以在更广阔的时空中去拓展。用布置桌椅的方式去组织地板、墙面、顶棚和窗，它们随之也将会成为"夹具"。如果我们使用桌椅仅是为了进餐，那么它们可以放在任何地方。但当桌椅的布置与进餐的时间和空间相关联时，它就

里约热内卢著名的岩石

不会被简化成仅是为了进餐而服务的功能主义了。

让我们进一步将之引申到城市空间中。以路边咖啡店为例，它的功能计划是允许在门口放置一些小桌椅。此时路边咖啡店就成了"夹具"，人们舒适地享用着作为公共空间的路边空间。另一方面，下午3点就关门的银行，即便是在夜晚和周末，当城市开始充满活力的时候，它都不具有吸引人们涌向街道的功能。在特定城市空间里，强烈的公共感或是活力感是与参与者的人数和人群的多样性成正比的。从这个角度看，建筑的功能计划可以被看作是夹具，为人们在城市空间中营造出舒适的区域。

我们有天举办了场关于城市规划的研讨会。会场设在市政厅

周围散落的山环绕着岩石，山的一半在海里

椰子树、香蕉树，热带风光使这地生机盎然。有人在那儿停留，放了把扶手椅

对面的文化中心二层的一号会议室里，一个在关门后便与外界隔离的空间。在如此与世隔绝和封闭的空间内讨论城市规划是多么具有讽刺意味啊！下次研讨会前，我们更愿意先找好地点。因为城市规划就应该从重新组织人们参与城镇复苏开始。

这样看来，夹具可以根据尺度具有各种形式。换句话说，夹具是个相对的概念，因为它的表现取决于框架是如何确立的。勒·柯布西耶早年曾说过"住宅是居住的机器"，当他的普适性与国际主义密切关联时，他一定是将居住建筑想象成了一个"工具"。当时，主体和地域性在他的项目中没有形成具体的概念。

四周构建起框架，用透视法绘制了四条斜线。面对场景，建了个房间，一个将风
景完全引入的房间

然而在1936年左右，当他设计位于里约热内卢的国家教育部和公
共卫生部大楼时，他所绘制的一组四格连环画[7]值得特别关注。第
一格画的是里约一座著名的漂在水上的山（估计是面包山Pao de
Acucar）。第二格加了棵棕榈树，第三格又加了棵香蕉树和一个
坐在扶手椅里的人，最后一格由地板、墙和屋顶组成框架，扶手
椅休闲地摆放着，透过一个大开口正对着风景。这组连环画巧妙
地阐释了建筑和家具作为"夹具"的意义，它们可以在周围环境
与身体之间建立起联系。

治具

漢字で「治具」と当て字される「jig」。辞書では「機械工作の際に刃物や工具を加工物の正しい位置に導くために用いる補助工具」と説明される。れっきとした英語だが「道具」との対応でこう記されるようだ。たとえば木材を切り出したり、金属を溶接したり、お皿に絵付けをするなどの際に、のこぎりや溶接工具や筆などの「道具」を材に対して傾けたり、一定の距離を置いたりするときの微妙な角度を最適化するのがこの「治具」なのだ。だから道具や材料とともに、特定の構成に置かれたときにはたいへん有用なものになるが、それだけをとりだしても奇妙な形をした「もの」でしかないし、姿形がずいぶん違っていても、個別の名前で区別されることもない。特に木工や陶芸に使われる、工房で自作される木製の治具の場合、日常生活の現場にある道具とさほど変わらぬ質感を持っているのに、何のためにあるのかわからないので、非常に不思議な感じがする。

のこぎりや筆などの道具はどこにあってもパフォーマンスは一定であるという意味で普遍的であるのに対して、治具はほかのものとの関係性のなかでだけでパフォーマンスを発揮するという意味で個別的なのである。ある環境から引きはがされると一気に意味を失ってしまうところは、もともとの生存環境から引きはがされた生物のなかには、死んでしまうものがいることにも似ている。治具には生態学が問題にする、環境に支えられた生命的な秩序に通ずるところがあるのかもしれない。

この治具の概念を、人を安定的な関係に一時固定するものとして拡張すると、人の振る舞いの周辺にもさまざまな治具を発見することができる。たとえば、机を囲んで数人が打合せや食事をする場合、机と椅子は数人が顔

を突き合わせて議論するため、会食するための治具になっている。この治具が良くないと、会話に集中することも、楽しく食事することもできない。これは逆を言うなら、机と椅子の配置を通して、人の姿勢や振る舞いを人と人のコミュニケーションの問題として捉えることができるということでもある。

次にこの椅子と机のセットを置く場所について検討してみよう。たとえば一番眺めのいいところに机と椅子のセットを置くという決定は、そこでの生活の質を変える力を持つ。朝陽の当たる場所なら朝食の時間を、夕陽が当たる場所なら晩餐の時間を特別なものにする。これは食べることを、家の囲いのなかだけではなく、より大きな時間的空間的広がりのなかで位置づけることで達成される。そのとき床、壁、天井、窓は、机と椅子の配置を成立させるための治具となる。食事するだけなら机と椅子のセットはどこにあってもよいが、食べている時間と空間の位置づけは形骸化した機能論にはできない。

さらに視線を都市空間にのばしてみる。たとえばオープンカフェ。店の外に並べられた小さな机と椅子の集合を可能にするこのプログラムは、道路という公共の場所であっても人が落ち着いて居られるようにする治具である。逆に午後3時以降、窓口を閉めてしまう銀行は、街がはなやぐ夕方や週末であっても、通りに人を配置できない。都市空間に表出する人間の多さ、種類の多さにほぼ比例して、その場所の公共性や賑わいは強く感じられる。その観点からすると、建物のプログラムは都市空間に人間の居場所をつくる治具とみなすことができるのである。

先日、町づくりのワークショップを行なったときのこと。場所は役所の向かいにある文化センター2階の第1会議室。ドアを閉めてしまえば外から遮断されるほかない空間だ。こんなに奥まった、閉ざされた場所で町づくり

のワークショップとはなんという皮肉。次回は町づくりを議論するのにふ
さわしい空間のロケハンから始めなければ。なぜなら町づくりとは、そこ
に関わる人間がいきいきするための再配置からはじまるからである。した
がって、都市空間を普遍なものと捉える道具的発想ではなく、固有の状況
のなかから有用な設定をどう見出していくかという治具的発想が町づくり
には欠かせない。

このように治具といっても、スケールによってその内容はさまざまに変わ
るものだ。逆に言えば、フレームの掛け方ひとつでなにが「治具」として
パフォーマンスをはじめるかはとても相対的なのだ。初期ル・コルビュジ
エが「住宅は住むための機械である」と語ったとき、住宅建築は「道具」
のようにイメージされていたはずで、その普遍性がインターナショナリズ
ムとも親和していた。その頃のプロジェクトでは主体も場所もさほど具体
的には想定されていなかった。しかし1936年頃、リオ・デ・ジャネイロの
教育省の計画のなかでル・コルビュジエが描いた4コママンガは注目に値す
る。水面から突き出した有名な岩（ポン・ジ・アスカールと思われる）の
ある風景の前に、まず椰子の木が1本、バナナの木が1本、そして男が腰掛
けた椅子がひとつ書き込まれ、最後にその椅子を風景に対して安定した配
置とするための大開口と床、壁、天井が額縁として描き加えられている。
もうこれだけでこのスケッチは、建築や家具が周囲の環境と身体を結びつ
ける治具であることを示すプロジェクトになっている。

建筑世谱

在东京做住宅项目的这些年里，我们一直都很幸运。我们意识到自己的项目都处在建成的街区里，是第二或第三代住宅的重建项目，而不是在新开发的住区里去新建住宅。事实上，与我们同辈的其他建筑师也有类似的项目，我们刚注意到这种趋势或许是一代人的问题。老一辈建筑师在20世纪70年代设计的许多住宅，其实是沿着私有铁路线发展起来的新居住区。由于建在较大的基地上，它们比今天的住宅大些。自1920年代起，东京的郊区住区开始逐渐从中心向外延伸发展，建筑师的工作自然也随之一起向外延伸。然而，自1990年代至今，人们正逐步搬回到市区中心。三四十岁的人，因第一代的房产被划分为小份，因而在山手通和七环之间所谓的"木质出租屋地带"或者在奥沢地区分得了很小的宅基地。这些相对年轻的业主为年轻一代的建筑师在东京设计住宅提供了机会。可以设想，在此框架下设计的住宅会完全不同于前辈建筑师们设计的，我们也将会从不同角度去看待东京混乱的景象。

东京主要是由住宅组成，大部分是低层独院式住宅。形成这种城市景象的潜在原因可以去追溯过往80年的历程，即自上文提及的1920年代开始的郊区住宅的发展。如果如他们所说，日本住宅的平均寿命是30年左右，那么在过去的80年间，这类日本现代化之后建造的独院住宅至少已经重建过两次了。当然，建筑的寿

命会因个体而有所差异。战前的第一代住宅，战后马上建造的第二代住宅，以及泡沫经济之后建造的第三代住宅，至今都有保留。每个时期的建筑都是当时社会状况的反映，因而相互之间的差异也很明显。如今，东京大部分的城市景象都是由各个时期的住宅混杂在一起而形成的。从历史的角度看，不可避免的是，我们在这杂乱的都市环境中设计的住宅正是"第四代"住宅。

在过去的80年里，东京经历了人类历史上前所未有的环境变化。几乎每隔十年，社会的状况都会发生一次巨变，诸如家庭结构、成员组成、建造技术、现代化的环境技术、多样的建造材料、建筑标准条例和城市规划法规的执行以及飞涨的地价，而住宅也会依此而建造。另外，住宅重建的年限是因人而异的，结果

就导致了不同年代的住宅混杂在一起的现象。因此，我们眼前 2009年东京的景象，就呈现出一副历代变迁共存的画面。通过对其大约80年时间跨度的考察，我们能够理解这种景象实际反映了居住建筑变化的某种模式（行为变化）——一种城市的生物学秩序，它是难以从视觉的组合秩序中获得的。视觉的组合秩序是把某个瞬间从时间的连续性中剥离出来。我们希望借助"建筑世谱"的不连续状态来理解城市空间，以便把生物学秩序的出现解读为多种悬置因素的同步呈现。我们在寻找这样的城市空间和建筑，它们是片段性的产物，并从语义学上与过去断裂。

基于这种认知，为了设计"第四代"住宅，我们就需要去发现住宅所存在的问题，尤其是第三代住宅。首先，第三代住宅在

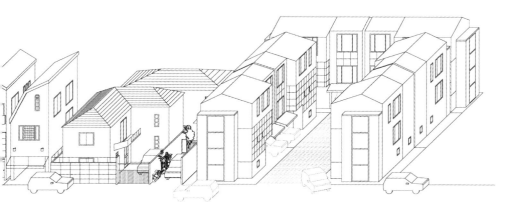

概念上过于纯粹。一切都整合在单栋住宅里，以至于住宅如此完整，出现其他东西都会显得突兀。作为定义和标识基地边界的树篱和栅栏是突兀的，而花园和阳台也是如此，它们只是物质上的存在，而不是供人实际使用的。如何加入有效的社会功能，将它们作为住宅的一部分，使之更加亲近于人呢？如何转译基地边界，使人在全年舒适的季节里都能享受花园和阳台呢？其次，从更广义的城市景象的呈现来看，每当重建住宅一次，就与既存住宅产生"距离"，于是便产生了多样的住宅自组织空间。我们能否在一定程度上将自发产生的空间反馈到独立住宅的建成形式中，使之更融于城市整体。这一问题最终引导我们去思考"建筑

的行为"，它将为未来的东京，一座由独立住宅组成的城市，提
供最大的发展潜能。

住宅是小型建筑。尽管我们设计的住宅对于超过千万人口的
东京城市景观而言，是无足轻重的，但它可以如梦般的美妙，成
为想象力的物化。也就是说，依据想象力去建立一个框架，依此
去建造，去表达它所需要的形式。上面提及的，为第四代住宅设
立的框架也是其中之一。当这样一座梦想中的住宅在真实的场地
上建造，获得真实的存在，接纳真实的居住者时，它必然与生活
息息相关，在城市中散发最迷人的魅力。

建物の世代

　都内での住宅の仕事が運よく数年続いてから気がついたのは、自分たちが
設計しているのはいわゆる新興住宅地に最初に建てられる住宅ではなく、
密集した既存住宅地での2代目や3代目の建て替えであるということだ。見
渡せばほかの同世代の建築家たちも、実は同じような仕事をしている場合
が多く、もしかしたらこの傾向は世代の問題なのではないかと考えるよう
になった。たしかに先行する世代の建築家が70年代に携わった住宅作品
は、私鉄沿線の新興住宅地に建てられたものが多かったし、敷地も住宅の
規模ももっと大きかった。東京の郊外住宅地開発が、1920年代からはじま
って、徐々に外側に広がっていったことを考えると、建築家の住宅作品が
これを追いかけていったことは想像に難くない。1990年代以降は都心回帰
が言われて、山手通りと環七のあいだの木賃ベルトと呼ばれる地帯の狭小
地や、奥沢辺りの第1世代の郊外住宅地が細分化された敷地なども、30代、
40代の住宅取得層を得て、若い世代の建築家が住宅を設計する機会につな
がった。この枠組みで生産される住宅を、先行する世代が取組んできた住
宅とは違う、別種類の住宅であるとあえて線引きしてみる。すると、東京
のごちゃごちゃした風景がいつもとは違って見え始めるのである。

　東京は住宅でできた都市と呼んでよいほど、その地表面を低層の戸建て住
宅に占拠されている。この都市空間のおおもとの原理は、先ほども述べた
1920年代の郊外住宅地開発に遡ることができるから、その実績はすでに80
年を超えている。日本では住宅の平均寿命は約30年といわれているから、
戸建て住宅という近代化以降の建物種は、理論的にはすでに2回の建て替え
を経験していることになる。もちろん建物の寿命には個体差があるので、
戦前に建てられた第1世代もまだ残っているし、加えて戦後すぐの第2世

代、バブル経済以降の第3世代も当然残っていて、それぞれ建てられた時期の社会状況を反映して、かなり異なるものになっている。こうした世代の異なる住宅が、特に秩序もなく混じり合っている状態が、現在われわれが目にしている東京の大部分の風景なのである。したがって、そこにいま住宅の設計をするということは、歴史的には「第4世代」の住宅を設計することになってしまうのである。

この約80年のあいだ、東京は人類史上まれに見る環境の変化を経験してきた。家族形態、世帯構成の変化、建設技術、環境技術の近代化、建設材料の多様化、建築基準法、都市計画法の制定、地価の高騰など、たかだか１０年の違いでまったく異なる社会環境が出現し、それにあわせて住宅もつくられてきた。さらに所有者個別のイニシアティヴによる戸建て住宅の建て替えは、更新時期に幅をもたせ、世代の異なる建物の混在を現実的に導いた。したがって現在われわれが知っている2009年東京の風景は、こうした社会の変化を共時的に重ねた姿である。そこに80年ぐらいのタイムスパンを持たないと浮かび上がってこない、この都市における住宅という建物の変化のパターン（振る舞い）が見えてくる。瞬間を切り取る視覚的な構成秩序では捉えられない、この都市の生命的な秩序がそこに見つけられるのではないだろうか。「建物の世代」という不連続性を都市空間の理解に導入するのは、そこに現われた生命的な秩序の生成を、浮遊するさまざまな要因が同期するタイミングとして類推的に読み解くためである。それまでとは意味の切断を伴った不連続点として生産される都市空間や建築を探すのである。

その認識の先に「第4世代」の住宅をつくるために、特に第3世代の住宅が都市化のなかで陥っている問題を見なければならない。まず考えなければならないのは、住宅がその存在を概念的に純化しすぎているということである。住宅のなかであらゆることが完結しすぎていて、家族以外の人がそ

こにいることは違和感のあることになってしまった。そのことは建物の物理的な境界が固く閉ざされ、バルコニーや庭はあっても本気で使われる設えになっていないことにも表われている。家族以外の人がそこにいても違和感がないような、生産や社交の場を一部に組み込むことはできないだろうか。そして、季節のいいときには、積極的に外で暮らせる機会を与えられるような、境界のあり方を考えられないだろうか。さらにより都市的な広がりに目を移すならば、既存住宅地における個別の住宅の更新は、今後も住宅と住宅の「隙間」を生むのだから、そこで生まれる複数の建物が集合してできる創発的な空間の性格を、個別の住宅のあり方にフィードバックすることによって、住宅をより都市的な存在として位置づけていくことができないだろうか。それは戸建て住宅でできた、東京の可能性を未来に向けて最大限に引き出す、「建物のふるまい」の提案になるはずである。

住宅は小さな建物である。1,000万都市東京で住宅をひとつつくったところで、その影響は無に等しい。しかしだからこそ、夢のような存在になることも許されている。その夢とは、住宅がつくられる枠組やあり方についての想像力のことである。上で述べた第4世代住宅の枠組みもそのひとつ。そうした住宅の夢が、現実の場所と、実体と、住まい手を得て、いきいきと輝くことが、何よりもこの都市では魅力的に映るのである。

如何停放车辆

在由石头建造的欧洲古城里，汽车看起来十分优雅。用冷轧薄铁皮和树脂制成的汽车，在厚重石材铺就的路面和砌筑的墙面映衬下，显得格外轻盈。然而，在日本新兴的城郊住区或者商业街区里，它给人的感受就不同了。它被木质住宅和塑料广告牌所包围，在此背景衬托下，它显得有些单调。汽车除了自身使人感觉笨重外，东京住区的小住宅无疑也使它们显得既重又体型庞大。尤其当宅基地被划分成小块，临街面不足8米时，住宅的形象很大程度上取决于车辆是如何停放的。

当走进东京的住区去观察车子与住宅的关系时，我们必须承认，不同的住宅以各种方式在回应这个问题。就目前状况而言，

停车空间在一定情况下是有保障的，而且沿街每隔10米似乎就有看似是废弃的车停在那儿。似乎没人关心汽车是否好看，住宅的外观如何，或是停放的车辆与街道的关系是否成为住宅的一部分。说得严厉些，人们只关心如何停车方便。这就是停车美学唯一的标准，它完全没有在更广泛层面上讨论如何停车。汽车从普及至今已经超过半个世纪了，停车美学却仍无人问津。是时候摆脱这种无序的停车状态了。停车是许多住宅都要面临的共同问题。我们应该开始考虑如何把车辆作为建筑的一部分，将问题转化为优势，并以此作为创造城市新面貌的切入点。

私家车普及之前的第一代住宅，以及刚开始普时的第二代住宅，它们都不需要考虑怎样停车。由于沿街前院宽敞，车子可以停在隐蔽的角落里。当时车形也小，不像现在这么圆滚滚的。相比之下，目前的第三代以及将来的第四代住宅的宅前空地越来越狭小，车子除了停在宅前正前方或者路边之外别无选择。车子先于住宅进入了人的视线，成了住宅立面的组成部分。最常见的情景之一是住宅退后道路6米，前面留出了一个过于宽裕的停车场地。虽然停车方便了，但庭园变小了，同时住宅也因退后失去了与道路的紧密联系。把车子停在沿街庭院里也很普遍，但在庭院里总是对着一辆车子是无法让人轻松的。在一个极窄的基地内，车子看上去似乎已经撞进宅子里了。如果住宅底层前面有超过50%的面积被水平分割出去，而且空地又不够停车的深度，这种情况看上去总好像是"车子藏着头却没把屁股藏好"。如果停车空间下沉且低于街道标高，那么车子看起来就像一只蜷缩在住

宅下的巨型鼹鼠。当然,垂直于街道停车也合理。如果宅前只有
6米宽,那么车辆的入口就会比人的入口还要大。将人置于与车
争夺前院的战争中,这令人难以忍受。

　　如果在房子的底层建个车库,从街道上看不见车子,问题是
可以解决了。但是设想下,眼前一排住宅,底层的沿街部分都是
车库的话,那场景有多萧瑟啊!或许这也可以解释成是种资本景
观和个人景观,拥有私家车是种身份的象征。也许许多室内车库
的建造无意间流露出主人的猜疑,认为每个经过的人都可能是偷
车贼,这想法是基于对人性本恶的认同。充斥这样车库的街道是
无法营造快乐氛围的。那么,在宅前狭窄的情况下,我们要如何
停车呢?

　　我们的答案非常简单:沿着住宅前面平行停车。如果窗户高
于车辆,墙面就可以当作背景墙,车子可以展示它的横向比例,

同时也不会遮挡窗户的视野。对于一辆标准尺寸的车子来说，建筑后退2.5米足以在建筑与街道之间留出适当的空间停车，而且不影响建筑占地率。为了避免车子淋雨，只要向街道挑出凸窗、屋顶或者阳台就够了。假定街道稍微放大成宅前的停车空间，这样实际上停车空间是属于连续的公共空间的。现在，当车子不再是障碍时，即便房子很小但随着恰当的后退，它将呈现出优雅的姿态。因而车辆的在场或是缺席将不再影响住宅的设计概念。换句话说，住宅设计不必考虑车子了。但这并不意味设计师能完全忽略它们。这只表示我们试图将停车空间定义为住宅与基地边界之间可利用的间隙空间，以凸显车子优雅、有时也是幽默的一面。即使在基地被越分越小的住区，一旦将这种停车方式引入到街区的每栋住宅，街区景象会显得更为睿智。

另一方面，一些专门为回应汽车需求而建造的住宅部分，例如室内车库，它们可以看作是因担心肆意破坏而采用的具体形式。这种基于焦虑和猜疑而设计的空间，既沉闷又令人生厌。在如今的公共空间里，有太多形式的产生源于对人的不信任：人行道旁带刺的铁丝网围栏；为了防止有人躺下，用扶手把长凳分成若干小段。它们在物质上表现出主人的先入之见。作为公共空间中的物体，它们具有的开放性不够。当然，需要担心的问题还有很多，但是我们需要通过创造性的努力去避免它们成为建筑形式创作的主要依据，这也是设计能服务于公众利益的地方。在我们解读住宅的过程中，对停车的观察生成了特殊的总平面和细节处理，这是避免将停车空间嵌入住宅形式的策略。这就是我们所谓的"观察与非嵌入"。

車の停め方

ヨーロッパの古い石造りの街のなかにある車は優雅に見える。きっと路面も壁面も厚みのある石で隙間なく張り巡らされているので、薄く延ばした鉄板や樹脂でできた自動車が軽やかに見えるからだろう。これが日本の新興住宅地や商店街では同じように見えない。周囲の木造住宅やプラスチックの看板と比べると、逆に車のほうが重く、野暮ったく見える。車の視覚的な重さはそのデザインもさることながら周囲の環境の質によって相対的に決まる部分も大きい。この視覚的重さに加えて、都内の住宅は小さいから、住宅地の風景のなかでは、自動車の存在は無視できないほど重く、大きくなっている。特に敷地が細分化されて間口が8mを切るような場合、その住宅の印象はほぼ車の停め方で決まる。

東京の住宅地を歩きながら車と家の関係を見ていると、この問題に関する個々の住宅の対応はばらばらであると言わざるをえない。現状はただ便宜的に駐車スペースが確保されているだけで、通りに沿って10mおきに、車が放置されているようなものである。車そのものの美しさ、住宅の構えやその集合としての街並との関係は意識されていない。少しきつい言い方をすると、車の停め方の良し悪しを判断する基準が、車の停めやすさの一点張りで、広く車の停め方を議論するだけの知性が生まれていない。各家庭に自家用車が普及して半世紀がたつにもかかわらず、車の停め方は依然として野生状態なのである。そろそろそういう野生状態から抜け出してもいいはずである。そして、どの家にも降り掛かってくる共通の問題であることを逆手に取って、車の取り扱いを、建物を横につないで新たな街並を創出するきっかけにできるのではないだろうか。

自家用車普及以前に建てられた第1世代の住宅や、普及直後の第2世代の住宅は、車の停め方に関して工夫がいらない世代である。敷地の間口が広いので、端のほうに停めておけば気にならない程度だったし、車の形もすらっとして、いまみたいにモコモコしていなかった。これに対して現在建っている第3世代、これから建てられる第4世代の住宅は、敷地の間口が狭いので、いやがおうにも車は建物の前、道路側に停めるしかない。家が見える前に車が見える。つまり車は家のファサードの一部になってしまうのである。ずいぶんよく目にするのは、住宅を道路から6m程度セットバックして、手前に十分すぎる駐車スペースを設けたもの。確かに車は停めやすいが、庭が小さくなり、家も通りから遠ざかり、通りとの親密さは失われる。道路側にある庭に車を停めるものも多いが、庭に出て楽しもうにも、いつも車が目に入って落ち着かない。もっと敷地に余裕がない場合は、車が家に突っ込んだのではないかと思わせるものがでてくる。1階の間口の半分以上が横に掘り込まれている場合、まだ奥行きが足りなくて「頭隠して尻隠さず」になる場合も多い。駐車スペースを道路から下がるように下向きに掘り込んだ場合は、巨大もぐらがいままさに家の足元に潜り込もうとしているように見える。たしかに車を道路に対して垂直に停めることには運転上の合理があるが、建物の間口が6mほどになると、人の入口よりも車の占める間口が大きくなり、人と車が間口の争奪戦をしているようでせわしない。

ガレージが建物の1階にビルトインされ、車が道路から見えなくなれば、問題はかなり解決されるが、仮に1階がガレージだけの住宅が通りに並んだらどうだろう。相当殺風景になるのではないだろうか。車の所有をステータス化する資本主義、個人主義の風景とも言える。通行人に車をいたずらされるのでは？という、猜疑心や性悪説が見え隠れするビルトインのガレージばかりでは、けっして幸せな感じはしない。

では住宅の間口が狭いとき、車の扱いはどうしたらいいか？

われわれの答えは拍子抜けするほど簡単で、建物の正面に対して車を横づけするというものだ。窓は車より上から始めることにすれば、壁面を背景に、車の横長のプロポーションを見ることができるし、車が外への眺めを妨げることはなくなる。普通車なら道路からのセットバックは2.5mもあれば十分で、通りと建物の距離も適度だし、建ぺい率にもそれほど響かない。雨がかりが気になるなら、窓や、屋根や、バルコニーを道路側に張り出せばいい。敷地の前だけ道路を少しだけ拡幅して停車帯を設けたと考えれば、敷地の一部を公共空間の連続に差し出しているのと同じことである。程ほどよい引きを道路側に得て、自動車のために何もいじめられるところがない住宅は、小さいながらも堂々とした存在感を獲得するだろう。こうすると、住宅のあり方を理解するのに、自動車はあってもなくてもよくなる。すなわち、住宅の設計の根拠から自動車が外されるわけである。しかしまったく無視したわけではなく、敷地境界と建物の隙間のあり方として、駐車スペースを位置づけることによって、車が優雅に、ときにはユーモラスに見えるようにしたのである。細分化が進む住宅地であっても、こういう自動車の取り扱い方が共有されるだけで、その街並はずいぶん知的なものになるだろう。

これに対して自動車への対応を根拠にした建物の部分が発生している場合、特にビルトイン・ガレージは、車へのいたずらに対する不安が部分の形態に定着されたものと読むこともできる。でもこうした、不安や猜疑心を根拠に設計された空間は、息苦しく目にも心地よくない。現在のパブリックスペースを見渡すと、歩道を区切る鉄条網付きのフェンスや、横になれないように小刻みに肘掛けで仕切られたベンチなど、人を信用しない形が多すぎる。その形は、管理者側の考えが形になったもので、公共の場所にあるものとして十分に開かれていない。いろんな心配があったとしても、それが形の主たる根拠にならないように工夫するところにも、デザインの公共性は発揮される。

098 　住宅の設計において駐車のことを観察しながら、結果的には住宅の姿に定着されないように、配置計画や部位を工夫すること。こういうことをわれわれは「観察と非定着」と呼ぶ。

建筑的知性

根据城市规划要求而拓宽的主干道旁矗立着些具有防火功能、十层以上的建筑，它们围合着其背后同一街区的低层住宅。在东京中心区，这种城市格局正在形成。道路中心线两侧30米范围的区域都被定为商业区，城市鼓励该区域内的业主将建筑更新成高体量的防火建筑。这些新近翻新的建筑已成为东京中心区必要的组成部分，用以防范火灾蔓延至相邻街区，这就促成了独特的城市格局的逐步形成。然而，很少有专业术语描述这一形成过程。相反的，不少人把它比作豆包（一种传统的日本点心，圆圆的，包着甜豆沙）。于是，外围一排高楼就成了"皮"，而散布在内部蜿蜒小巷中的，杂乱成堆的低层住宅就是"馅"，而且很多低层住宅还都是木构的。"皮和馅"这个昵称非常贴切地描述了东京的状况。

青山通是此类"皮"发展成熟的区域之一。为了1964年的东京奥运会，它被拓宽。此后在1981年被划为"防火带"的一部分，2003年又被列入"中心区防火墙建造计划"。除了防灾的作用之外，青山通现在是东京具有代表性的时尚和设计中心。青山通绝大多数的临街建筑都是1964年之后建造的，鉴于处在非常昂贵的重要地段需要炫耀财富，有些建筑一直在重建。然而，即使在如此知名的大道上，建筑之间依然缺乏公共性。是因道路太宽而且高层建筑太多，而导致了它不适合密集的商业活动吗？它旁

边的街道，诸如通向表参道和根津美术馆的侧街、两侧种满了银杏树的绘画馆前街、外苑西通，还有与古董街类似的街道，却各具特色，街上有许多不同味道的商店，并与周围环境相互融合。本质上看，青山通更像是连接了这些街道的中心。

　　青山通地区地价昂贵，将容积率做到最大化是十分必要的。建筑底层面向拥挤的人行道，是租给商铺及咖啡店的理想场所。这些环境压力会影响沿街所有的建筑，并对它们的建造方式提出特殊的要求。尽管这些压力如何转化成建筑形式取决于每个场地各自的选择，但是它也属于城市建筑这一更大的语境。当把建筑作为城市整体的一部分来设计时，建筑师必须同时面对和回应两个问题：一是基地内在固有的挑战；二是整个周边环境面临的共同话题。而建筑在回应这些问题的同时，也会因其特有的"行为"而使自身凸显出来。我们可以制定某种规则，使之为建筑能在基地特有的内在问题和共有问题之间创建一个反馈回路，并寻求共性以联结两者而铺平道路。这些规则塑造出的事物将只可被称为城市建筑的知性，一种在意大利广场、巴黎公寓或者京都町屋（旧时的城市住宅）中依然可见的知性。东京的当代建筑所缺乏的正是这种建筑知性。如果建筑师擅于提升建筑的价值，那么最重要的是

先去尝试创造建筑的知性。在东京实现类似广场的建成形式，是需要以正在形成的"皮与馅"这种城市格局为基础的。因此，让我们从这个角度去理解青山通的一些建筑吧。

在街上，临街面不足10米的铅笔状建筑比比皆是。在道路拓宽之前，它们是类似京都町屋一样的两层木构住宅，而后在同块场地上再建。对铅笔式建筑来说，在什么位置放置电梯和楼梯是个大难题。如果加在立面上，就会占据过多面向道路的开放空间。如果放在后面，就会因为要建个连接通道而使底层空间缩小。然而，如果加大建筑的密度，像在青山通和通往神宫的银杏道的交叉口一样，铅笔状建筑就开始显得生机盎然起来，它与各式各样的商店共同演绎出一种韵律。

对于几十米长的街道空间，建筑师所要面对的问题是如何界定一个完整的空间而不去打断它。布鲁克兄弟大楼将商业空间设在一层和二层，并把它作为石基座，在上面建公寓，而公寓的窗户连成一线。这座建筑意在将水平向的窗户延续至无限远，而不在乎其是否花哨。相反，宝马广场将垂直向的楼梯间作为各体量之间的连接，在外苑枢纽站转角处切分了建筑立面。这个交通体本身冲击力强，令人印象深刻，但是它与相邻建筑毫无关联。

随着建筑基地的变大，建筑前面的空地越来越多，建筑也越来越高，这样形成的结果并不总是令人满意。三座大体量的建筑，联合国大学东京总部、青山椭圆形大楼（青山剧场）和国家

儿童城，它们列成一排，被推后到基地后侧布置，为青山通留出大片空地。这些空间给了原本就显得大而无用的街道致命一击，抽象的空间没有任何明确的用途。其他建筑要面临的建筑密度最大化的压力，在这三座建筑身上似乎完全不存在。这三座建筑建于1990年代，而越来越多新建的高层建筑（例如，Ao青山世界大楼或者青山电子商务中心）已经有再次紧邻街道建造的趋势。它们采用两层高的入口大厅或者至少是两层高的玻璃幕墙立面来替代底层开敞空间。

这项简单的调查表明，青山通的建筑是两极分化的，不是铅笔建筑就是摩天大楼，缺乏中间尺度。例如，宽高深接近30m×30m×30m，与宫殿类似的体量，是不存在的。中间尺度建筑的缺乏，增加了建立"建筑知性"的难度，因为宫殿具有一种知性，即重复其最精彩的建筑语言，同时在建筑的正面创造出小广场。这种知性是恒久不变的，即使在其他地方复制且属于不同的主人，它也不会变化。在东京，在不同尺度的建筑之间建立水平联系，要比在类似尺度的建筑之间建立艰难些。因此，东京迫切需要更高程度的知性。东京的"建筑"能否像意大利宫殿那样呈现出人类的智慧呢？

ビルの知性

計画道路として拡幅された大通りに沿って、10階超の耐火構造のビルが建ち並び、街区の内にある低層の住宅地を取り囲む、そんな都市形態が東京都心に目立つようになってきた。大通りの中心から両側30mの範囲を商業地域に指定して、高容積すなわち耐火構造の建物への建て替えを誘導してきた結果、個別の建物の更新が骨格防災軸――街の防火壁となって万が一の火事が隣の街区まで燃え広がらないように離隔する――の形成に組み込まれ、特徴的な都市形態がつくられつつあるのである。だがこの都市形態を示す専門用語はあまり耳にしたことがなく、大通り沿い一枚の高層ビルの並びを「皮」、その内側にあって道が細く、古い木造家屋なども残るごちゃごちゃした低層住宅群を「餡」に喩えて、「餡と皮」というあだ名で呼ばれているのは実に東京らしいところである。

こうした「皮」が形成されつつある場所のひとつが青山通りである。1964年の東京オリンピックにあわせて拡幅され、81年に延焼遮断帯、2003年に骨格防災軸に指定されているが、そんなこととは無関係に、東京のファッションやデザインを代表するエリアの中心でありつづけてきた。現在通りに面している建物のほとんどは、1964年以降に建てられたものばかりであるが、さすがに地価が高い一等地というだけあって、すでに何度か建て替えが行なわれたところもある。しかしこれほどブランド化され、名の知れた通りであっても、同じ通りに軒を連ねるという感覚が共有されているようには見えない。道幅が広く建物も高層化できるので、商業的な活気を貯めるには向いていないからだろうか。むしろここから横に曲がった通り、たとえば表参道と根津美術館へ向かう通り、絵画館前のいちょう並木、キラー通り、骨董通り等々が、環境に合わせた、少しずつ違う趣向の違う店

を集めてそれぞれ特徴ある通りになっていて、青山通りはそれらをつなぐ
ハブのような位置づけになっている。

地価の高い青山通りでは、容積率を最大限に活用することはもはや至上命
令である。また人通りの多い歩道に接する1階部分は、店舗やカフェにう
ってつけのテナントスペースである。こうした条件はどの建物にもかかる
環境圧として、ビルの建ち方に一定の方向づけを行なっている。こうした
環境圧が、建物としてどのような姿に定着されるかは、基本的には個別の
敷地内で充足すればよい話ではあるが、それだけでは都市建築として不十
分なのである。そのビルが、同時に都市的な存在であるためには、こうし
た環境圧を敷地内の課題にとどめるのではなく、通りに軒を連ねる建物が
共有する課題として位置づけ直し、その位置づけを浮き上がらせるような
振る舞いをビルにもたせることである。敷地の内側の問題と、外側の問題
をフィードバックしあい、関係づけることで、ビルのあり方の決定に一定
のルール（筋道）を生成させるのである。それは都市建築としての知性と
しか言いようのないものであり、イタリアのパラッツォ、パリのアパルト
マン、京都の町家などにはあったもので、東京のビルにいま一番欠けてい
るものである。建築家が建物の価値を高める専門家であるならば、この建
物としての知性の創出をまずは目指すべきではないだろうか。言い換えれ
ば、「餡と皮」の都市形態が整ってきたことで、ようやく東京にもパラッツ
ォ的なあり方を実践する条件が整ってきたということである。そういう視
点で実際に青山通りのビルを見てみる。

間口数mのよくあるペンシルビルは、道路拡幅前の、木造2階の町家風だっ
たところが、敷地割を保存したままに建て替えられたものであろう。ペン
シルビルは狭い間口に階段とエレベータを設置しなければならないが、手
前に置けば開口の妨げになり、奥に置けば1階を通路で削られてしまうとい
う難題を抱えている。しかし絵画館前の銀杏並木を出た正面あたりのよう

に集中すると、歩道に対して多様な商業コンテンツが小刻みに接すること
になるので賑やかではある。間口が数十mになってくると、今度はその間
口をどれだけ割らずに、ひとつのものとして定義しうるかが問題になる。
Brooks Brothersのビルは、1、2階の商業部分を石張りの基壇として分節
し、上部に窓が反復する集合住宅を重ねて、いくらでも横に繋がっていけ
る地味ながら知的な姿を見せている。これに対してBMWのビルは、階段室の
垂直性をヴォリュームの分節として表現し、外苑前交差点の角に面する間
口を分割している。この分節はシャープで印象的だが、隣に連続しない。

敷地規模がさらに大きくなってくると、公開空地をとってさらなる高層化
が図られる。しかしその結果は必ずしも歓迎されるものではない。国連大
学本部ビル、青山オーバルビル、こどもの城の3棟が青山通りから並んで
引きをとっているところがあるが、ただでさえ広すぎてまとまりにくい通
りの連続に対して致命的な打撃を与えている。何のためなのかはっきりし
ない、漫然とした広場。ほかのビルが建蔽率ぎりぎりに建てている緊張感
が、ここですっぽり蒸発してしまうかのようだ。これらは1990年代の計画
だが、Ao、ワールド青山ビル、オラクル青山センター、近年の高層ビルの
計画は再び道路側に建物を寄せる傾向にある。地上部には空地の代わりに2
層吹き抜けのエントランスロビーか、少なくとも2層分のガラスのファサー
ドの分節を施している。

こうして見ると、青山通りの場合、ビルのサイズがペンシルビルと高層ビ
ルとに2極化していて、その中間が存在しない。例えば幅30m、高さ30m、奥
行き30mといったパラッツォと呼べるようなプロポーションのヴォリューム
がないのである。このサイズが揃わないことがまず「ビルの知性」の生成
にあっては混乱を生む。パラッツォならば、ほかの敷地で反復されたとし
ても、テナントが変わったとしても、ぶれることのない都市建築としての
知性——良い意味での冗長性や、手前に広場をつくり出すことのできる

その正面性——を持っているのに対して、東京では大きさのバラバラなヴォリュームを前提に横のつながりをつくるのであるから、大きさが揃っているよりも難易度が高い。しかしだからこそ、より高度な知性が求められているのである。さて東京の「ビル」は、イタリアのパラッツォに肩を並べるだけの人類的叡智になることができるだろうか。

东京纪念物

在巴黎，有次朋友骑摩托车载我从他蒙马特的办公室去拉丁区见我们的委托人。从蒙马特高地一直往下，穿过脏乱的皮嘉尔，我们来到老佛爷百货的转角，正前方就是雄伟的加尼叶歌剧院。我们骑车从歌剧院的侧后方驶近它，绕到正面，然后从歌剧院大道离开。沿着大道前行，身后的歌剧院渐渐远去，在法兰西剧院附近右转，没过一会儿，卢浮宫的外墙已肃立在我们面前了。穿过大门，进入卡尔赛广场，雄伟的景象突然间在眼前展开。左边是玻璃金字塔，右边是小凯旋门，我们从中间穿过，再穿过一座门，我们来到了塞纳河旁。在卡尔赛桥（骑兵桥）上远眺，天高水远，远处巴黎的名胜古迹，诸如奥德赛美术馆、大皇宫、埃菲尔铁塔等，都一览无遗。短短15分钟的旅途展现了一个浓缩的巴黎掠影：从密集的已建区域，到贯穿该区域的奥斯曼时期的巴洛克轴线，接着穿过坐落于轴线透视焦点处的文化建筑，到达流经城市中心的塞纳河，塞纳河本身是治理自然地貌工程实践的产物。在这一掠影中，空间的秩序取决于高低密度的对比，视觉上开敞与封闭空间的对比，反过来，它也依次划分出了巴黎的居住、文化和政治空间。这些布局的内在宗旨延续了几个世纪，直到今天，无论是巴黎人或者是游客都能尽情地享受塞纳河沿岸喜悦的英雄般的氛围，以及巴洛克轴线上重要的纪念性建筑。当我们穿过窄巷，突然走到塞纳河旁时，令人想象自己仿佛是英雄般地走进了宏伟的历史舞台。巴洛克轴线和位于透视焦点

上的纪念性建筑，两者之间的关系是恒久不变的，而塞纳河沿岸的公共机构却一直在变化，让努维尔设计的凯布朗利博物馆最近刚刚开馆，自此人流也随之而稍微改变。

现在，让我们来看下东京。皇宫被纪念性公共建筑所环绕，其中包括三大权力机构——"国会议事堂、最高法院和首相办公楼"，以及日本国家剧院、国会图书馆、国立当代艺术馆和宾馆，还有些政府部门和机构。从这个意义上看，环绕宫殿的内堀大道也可像塞纳河或者维也纳环城大道一样壮丽，但事实上它却暗淡无光，因为围绕着宫殿、周长5公里的大道并没有形成统一感。最为重要的是，宫殿由护城河环绕，导致所有建筑都必须沿着大道的另一侧建造，这就形成了我们所说的"片町"或者单侧城市。这样的布局之下，观看这些重要建筑物的最佳位置是宫殿，但公众却被禁止进入。似乎这些纪念性建筑，民主制度的脊梁，都屈服于君王这片神圣的丛林。实际上，除了一些慢跑者，很少有人会在宫殿附近走动。东京这种现代主义初期流行的城市特征似乎反映了政府缺乏与社会的联系，或许这并非偶然。想要彻底改变这种现状，可以把宫殿变成像巴西利亚的三权广场一样，是群众集会的场所，或是将公共机构迁移到墨田河区域。这听起来也许可笑，但是设想一下，如果国会议事堂、最高法院和日本国家剧院都坐落于墨田河沿岸，这岂不是一个还不错的美景吗？如果这些纪念性建筑沿墨田河相互紧密和谐地联系在一起，它们就能营造出与国家领导地位相称的空间，并激发更有活力的政治讨论。

　　回到主题，与城市景观不协调的公共建筑缺乏纪念性，是东京的另一特征。许多建筑的纪念性只体现在尺度上，却没有体现在所处的环境上，江户东京博物馆就是一个典型的例子。就其所展示的内容，东京的历史和文化，和建在四个巨柱之上的建筑形式而言，它具有体现纪念性品质的潜力。然而它所处的环境拒绝了其纪念性的表达。它坐落于两国国技馆（国家体育竞技场）正后方，人们只能通过国技馆与东铁总武本线之间的一条窄巷到达那里。纪念性的场景与建筑在城市规划中的位置有关，也由此能从政治的角度对历史和文化做出评判。就东京而言，这一决策过程可能由于最近一次战争的战败而停滞了。另一方面，从技术上很容易达到纪念性的尺度，而无需与文化和历史发生太多的关联，需要的仅仅是政治上的认可。以公共交通建筑为例，它们的建造是以安全性为首要目标。它们几乎没有考虑过周边的城市环境，因而看起来是完全孤立的。从新宿站的南出口望向代代木方向，看到的是纪念碑般的广阔天空，与新宿繁忙的街道相比，它十分令人意外，但却毫无意义。东京最长的道路，首都高速，在江户桥枢纽和箱崎枢纽处所展现出的优雅精妙的曲线也不代表任

何意义。最近在山手大道的中央出现了一排怪诞的没有窗户的塔，像巴黎的方尖碑。这是山手大道地下的首都高速中央环状新宿线（M.E.W. C2线）隧道的通风设备塔。它们不是为协调复杂的城市环境而设计的巧妙的构筑物，而纯粹是技术上的排气设施。政府和市政机关，在没有严肃地讨论过公共空间的景观和品质的情况下，就把公共交通构筑物的建设推到了前面。他们首要考虑的是技术设施，交通管理方面的安全条例，洪灾、火灾或者其他灾难的风险管理。这些市政工程几乎很少受到公众的严厉批评，现在它们的规模越来越庞大，体现着东京尺度。因而它们将呈现出压倒一切的存在感，并势将成为现代化东京的纪念碑。东京的纪念碑不是有计划地建造的，相反，它们是自发地毫无征兆地冒出来的。延续这一思路，纪念性的范畴也可扩展至由城市化引起的自然现象（具有地方特征的气候现象）：例如，"环七云"——飘过7号环道，绵延并下着雨的乌云；又或是东京局部的瓢泼大雨。调侃地说："最终东京若能成功地向空中发射一个与它的巨型尺度相当的纪念物，就能挡住暴雨了！"生活在有气象武器的年代，我们可能很快就可以开始讨论气候上的纪念物了。

東京のモニュメント

パリのモンマルトルにある友人の事務所から、カルチエ・ラタンにあるク
ライアントの事務所まで、スクーターの後部座席に乗せてられてパリを駆
け抜けたときのこと。モンマルトルの丘から坂を下りてピガールの猥雑さ
を抜け、ギャラリー・ラファイエットの脇を抜けると、目の前にオペラ座
がその巨体を突き出してくる。斜め後ろから前に回り込むと、正面にアヴ
ェニュー・ド・オペラが開け、オペラ座を背にそのまま直進してコメディ
ー・フランセーズのあたりで、道なりに右に曲がって行くと今度はルーヴ
ルの長い壁が正面の視界を塞ぐ。ゲートを潜ってカルーセル広場に出ると
一気に視界が開け、左手にガラスのピラミッド、右にカルーセル門を見な
がら再びゲートをくぐると今度はセーヌ川である。カルーセル橋の上から
は広い水面と空が広がり、オルセー美術館、グラン・パレ、エッフェル塔
などのモニュメントにまで遠く視線を投げることができる。たかが15分ほ
どの行程に、高密度の街区から、それを切開するバロック的なオースマン
の軸、その軸の遠近法の焦点に配置された文化施設、さらに自然地形に手
を加えられて都市の中心を流れるセーヌ川まで、まさにパリを凝縮した一
断面であった。密度の対比、視覚的開放と閉鎖の対比によってつくられる
空間的秩序によって、生活空間から文化、政治の空間までが明確に位置づ
けられ、しかも数百年その施設配置の考え方が持続されているから、セー
ヌ川沿いの空間やバロックの都市軸上のモニュメントの、その晴れやかで
英雄的な雰囲気を、市民だけでなく観光客も素直に楽しむことができる。
視界の限られた街区から、ぱっとセーヌ川に出ると、そこは歴史の舞台と
も言える空間であり、自分でも何かできそうな大きな気分になれるのであ
る。バロックの軸とその焦点におかれたモニュメントは不変の組み合わせ
だが、セーヌ川沿いの公共施設はいまも更新を続けていて、最近はジャン

　　　・ヌーヴェルの最新作ケ・ブランリー美術館が加わって人の流れが少し変わった。

　ひるがえって東京の場合、国会議事堂、総理官邸、最高裁判所の三権に加えて、国立劇場、国会図書館、国立近代美術館、各省庁や迎賓館など、モニュメンタルな公共施設はだいたい皇居の周りに並んでいる。だから内堀通りは、パリのセーヌ川や、ウイーンのリングシュトラッセに匹敵する、もっと華やいだ通りになってもおかしくはないのに盛り上がりを欠いている。その理由は、皇居に面しているといっても1周5kmでは一体感は得られないのと、何よりも堀に接しているので片側だけにしか建物が並ばない「片町」状態になっていることが挙げられる。この配置だと重要な施設を眺める最良の場所は市民の立ち入れない皇居の内側ということになっていて、民主主義の屋台骨をなす施設群は、まるで天皇あるいは鎮守の杜みたいな緑に捧げられているかのようである。皇居の周りは、ジョギングをする以外はほとんど歩くことのない場所なわけで（たとえば渋谷駅から青山通り沿いに皇居方面に向かうシークエンスは、繁華街を抜けて街の外に出たような感じになる）、この国の生活と政治の乖離は、近代の初期につくられたこういう都市空間と無関係ではないはずだ。

　状況をがらりと変えようとするならば、皇居を公開してブラジリアのような市民が集う三権広場にするか、隅田川あたりに施設を引っ越すか。まるで冗談のようなアイディアだが、いまの国会議事堂や、最高裁判所や、国立劇場が隅田川沿いに並んでいる光景を妄想すると、かなりおもしろそうである。そういうモニュメンタルな建物が呼応し合って、国のリーダーシップを執る舞台としてふさわしい空間が出現すれば、政策内容がもっと日常的に議論されるようになるかもしれない。

　話が少し逸れてしまったが、要するにモニュメントが弱いというか、うま

く都市空間にはまっていないのが東京という都市のもう一ひとつのまた別の特徴である。モニュメントになりうる規模を持った大型建築は数あれども、モニュメントとしての設定に欠けたものが多い。江戸東京博物館はその典型と言えるもので、江戸と東京の都市の歴史を展示するという施設内容も、4本の巨大な柱で持ち上げられた造形も、十分にモニュメントとしての資質を持っているのだが、敷地は両国国技館の裏にあるために、国技館と総武本線のあいだの細い道をアプローチとせざるをえず、線路からはよく見えるが、モニュメンタルな表現になりきれずにいる。モニュメンタルな設定とは、すなわち都市計画における位置づけだから、歴史や文化についての政治的な判断が必要になる。そこに敗戦という事情がブレーキをかけたと考えるのはあながち間違いではなかろう。そうした配慮なしに政治決定できる技術的なものが勢いモニュメンタルなスケールを獲得するにいたっているのはその裏返しである。特に交通に関する構築物は安全性確保を理由に、周囲の都市環境との調整をほとんどしないまま、切り離されて成立していると言ってもよいだろう。新宿駅の南口から代々木方面へ広がる空の広さは、新宿の混み合った街のなかですかんと抜けたモニュメンタルな広がりを持っているが、そこには何の意味も込められていないし、東京で最も長大な構築物である首都高速道路は、江戸橋ジャンクションや箱崎ジャンクションで複雑によじれあう見事な造形を空中に展開しているが、それが何かを表わしているわけではない。最近では山手通りの中央に、窓を持たない不気味な塔が立て続けに出現し、パリならばオベリスクかと見紛う光景をつくり出しているが、これは地下に建設された首都高速中央環状新宿線の換気塔で、排気ガスを処理する純粋に技術的存在であり、都市空間の複雑なコンテクストに照らしあわせて思考されたものではない。交通のマネジメントや、水害、火災などに対する予防を目的としたリスクマネジメントでは、安全性が最優先されるので、景観や公共空間の質に対する配慮が議論される間もなく建設が工学的に推し進められる。生活空間からの本格的な批評が計画に届かないまま、東京のスケールを反映

　して巨大化するこれらの土木構築物には、他を圧する存在感があり、結果的にはこれこそが東京の近代化のモニュメントになるのである。このように東京ではモニュメントはつくられるというよりは、予測不能性をはらんだままいつのまにか「成る」のである。その延長で考えれば、環七沿いに雨を降らす環七雲やゲリラ雨などの都市化によって引き起こされた自然現象にまで、モニュメントの概念を拡張することができるのではないか。

　「ついに東京はその都市規模にふさわしいモニュメントを空中に浮かべることに成功し、豪雨イヴェントを開催している」などとうそぶくのも、気象兵器がある時代なのだから、あながちありえない話ではなさそうである。

郊区的内在化[8]

　　我们在电视上看过一档关于建筑历史学家阵内秀信在意大利旅行的节目。他像一个知识渊博的导游。无论到哪，发现任何迹象，他都能讲出点背后的故事。他追溯街道的故事像是唱针在黑胶唱片的声槽里划行，并演绎其中刻录的美妙旋律一样，是如此的优雅，让人身临其境。他是如此幸运，能与城市建立这样亲密的关系!

　　然而，即使是资深的建筑历史学家也很难从郊区或是发展的城镇中提炼出悦耳的"声音"，因为美妙的旋律是不可能产生于标准化的开发模式之中的。这种开发是为了空间扩张而进行的，它只是简单地叠加在现有的地貌和景观之上。如果说，意大利景观能奏出精彩的乐章，那么东京的郊区只能发出"嘶嘶"的杂音，就像是唱针在唱片末尾滑行发出的声音一样。没有乐曲是因为根本就没有可以利用的声槽。

　　然而问题是：在郊区，确实不存在"声槽"或者有意义的"旋律"吗?

　　这个问题的答案无处不在：郊区城市化之前的土地。英文单词"suburb"源于拉丁文"suburbium"，仅指位于山上有城墙的城镇，其山上山下的区域（urbium< urbs）。随着越来越多郊区的

出现，它们开始包含不同的含义，尤其是当许多郊区都普遍出现"白板"式的人造景观时。然而深思下会发觉，"白板"式的人造景观被仍保持原汁原味的村庄和乡村景象所包围着。尽管郊区研究一直是郊区成长和发展的推动力，但它有意将所有这些景观都简单归类为郊区，将景观简单化的研究过程是有些违反常理的。例如，将一直就被称为是"郊区"的地方比作是东京这样的大城市，这阻碍了我们去探求郊区自身特有的问题。郊区居民纷纷抱怨他们的城镇是多么乏味和缺乏特征。"郊区"这一术语，已经难以使人辨别出它的地方特色，甚至是当地居民也难以分辨。

如果郊区已经历了成长和发展期，并处在 "郊区"形成过程的最后阶段，它们还是有机会重新融入周围环境中的。当"郊

区"的概念和标签全都消失时，这些所谓的"郊区"将会重新激发它们的地方特征，发现地域的内在特性。这个过程也许可以称为"郊区的内在化"。

郊区的内在化是指从其自身出发关注郊区自身的内在性，而不是依赖于"郊区"这个名字。这将在"郊区"与郊区城市化之前的土地之间重新建立起联系，从而唤回对土地的记忆。郊区城市化之前是指在肥沃的土地还没被划分成小块之前的状态，土地划成小块之后是可以转让的，并随经济形势而波动。郊区的内在化有助于我们寻找到一种声槽，它拥有城市化之前和之后的土地所共有的特点，这样我们才能把它像唱片一样去播放。即使最初能听到的音乐很少，但通过不断重复的演奏，它终将演化成一首

完整的交响乐。

　　以东京北部的本北市为例，它位于荒川和赤堀川两条河流之间的大宫高原的中心地带。那里的村庄最初都是沿河或者沿江户时期（1603–1868）五大主要道路之一的中山道而形成的。明治时期（1868–1912）建造了一条铁路，就是今天的高崎线。高崎线建在了高原中央、村庄之间的空地上，它将这些村庄的外围变成了往返东京乘车族的城镇。结果，尽管我们从本北市中心无法看到河流，但站在本北站的天桥上往西看，可以俯瞰到一片美景。这片景色的形成主要归因于本北逐渐向荒川下倾的独特的城市地景。

筑波市也是在原有村庄之间、贫瘠的松木林基础上发展起来的一个城镇，这些原有村庄是沿着从筑波山上流下的河流而建的。一项城市发展研究阐明了为何我们能时常看到筑波山矗立在眼前。这是因为城市东西两侧的道路像河流一样，面向筑波山顺应其山势而建造，这也致使道路都有些微微的弯曲。

这些案例表明，事实上，城市建设者曾经意识到当地丰富的地貌特征，并且试图在城市规划中给予回应。地理特征或者地貌并没有消失，它们只是变得难以察觉。我们所要做的只是轻轻地将唱针放在依稀可见的声槽之上，聆听它划出的微弱乐章。

郊外の郊内化

以前、建築史家の陣内秀信さんが出演されたイタリア紀行のテレビ番組を見た。街を案内する道すがら、彼はその土地土地で、目に入る記号に埋め込まれた意味をひとつずつ説明していった。あらゆる歴史を擬似的に追体験して血肉化しているかのように、街というレコードの溝の上を、針が走り、音を奏でているような流暢さがそこにはあった。これほどまでに、都市と人間が密接な関係を築くのは、本当に幸せなことだと思った。

それに対して、郊外や開発途上の町ではなかなか美しい音を聞くことができない。なぜなら、量の拡大を前提とした標準化された開発のシステムが単に既存の地形や風景に重なっているだけでは、響きは生まれないらからだ。先のイタリアの土地というレコードの響きに喩えると、ここで聞こえるのは曲が終わった後の「スーッスーッスーッ」という音だけの部分である。溝をなぞっても音がでない。

でもここにひとつの疑問がある。郊外には本当に響きがないのか？

この疑問を解く鍵は、どの郊外にもある、郊外化する以前の土地の存在である。郊外を意味する「suburb」の語源をたどると、それは城壁を意味する「urbs」があった丘の下を指しているにすぎないのだが、そういう場所が次々と生まれたことで、「郊外」という言葉そのものが違った意味を持ち始めた。多くの郊外に共通するタブラ・ラサともいえる風景、そしてそれが象徴する人工性などである。しかしよく考えてみると、以前からあった集落や田園風景はなにも変わっていないのだ。そのような風景をあえて郊外と呼び、郊外論を形成し展開していったことは、郊外を生産するうえ

での原動力にはなったものの、そこには不自然さがつきまとう。「郊外」と呼ばれて久しい土地は、東京などの都市といつも対比されることによって、固有の問題が見えづらくなる。たとえば郊外住宅地の住民たちから多く聞かれるのは、自分たちの街には「なんの特徴もない」「退屈だ」という言葉である。「郊外」という言葉が、住人にさえも地域の固有性を見えにくくさせている。

しかし、現在、郊外形成期、展開期を経て「郊外」がその役目を終えつつあるとすれば、いま郊外はもう一度、地域に還元されるのではないか。つまり「郊外」という概念が消えるとともに、その土地の特異性や地域の内側というものが発見される。「郊外の郊内化」という現象である。

郊外という呼び名を外して郊内という内側を見つめる。豊かな地形が細分化され造成されて、交換可能な空間として経済の波に漂ってしまったそれらをもう一度土地に結びつけ、記憶を掘り起こす。郊外化以前とその終焉後に共通する空間の溝を見つけ、針を落としてみる。初めは音を奏でないかもしれないが、繰り返していくことで、それが響きに変わっていくことを期待している。

たとえば、東京の北、荒川と赤堀川に挟まれた大宮台地の中央部にある北本には、もともと川沿いや中山道を中心に集落が広がっていた。明治になって集落のあいだ、台地の中央に高崎線が通った。これによって集落のはずれが、東京のベッドタウンとして市街化された。街の中心では、直接川を見ることはできない。でもその中心である北本駅の高架橋に立つと、西の空がやけに広く感じられるのである。この景色は、この街の緩やかに荒川に下る地形によって支えられている。

つくばも、筑波山から流れる川沿いの集落に挟まれた荒れ地の松林を切り

開いてつくられた街である。その計画のプロセスを調べると、道の先にたびたび筑波山が見える理由がわかる。川と同じように、東西の大通りは筑波山に向かってねじれた線形をもつようにつくられている。

新しい街の計画者も、実は豊かにある地形に気づき、それに反応して街をつくろうとしていたのだ。だから地形は見えにくくなっているだけで、なくなってはいない。われわれは見えづらくなっている溝に針を丁寧に落とし、そのかすかな響きに耳をすませばよいのだ。

行为的形式　振る舞いのかたち